普通高等教育"十三五"规划教材

张元彬　主编

压焊方法及设备

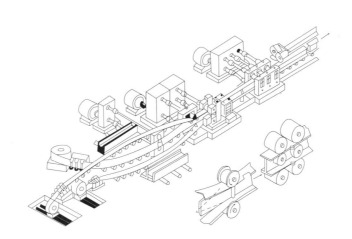

U0243538

化学工业出版社

·北京·

本书介绍了常用压焊方法的原理、特点、设备、基本工艺过程及典型应用,使读者系统掌握电阻焊(点焊、缝焊、凸焊、对焊)、摩擦焊,扩散焊,超声波焊,爆炸焊,高频焊,冷压焊和热压焊等各种压力焊方法的基本原理和特点,并能够进行设备选用和工艺制定。

本书可供焊接专业工程技术人员参考,也可作为焊接技术与工程专业或连接成形专业方向的本科、专科教材。

图书在版编目(CIP)数据

压焊方法及设备/张元彬主编. —北京:化学工业出版
社,2017.4
普通高等教育"十三五"规划教材
ISBN 978-7-122-29197-4

Ⅰ.①压… Ⅱ.①张… Ⅲ.①加压焊-高等学校-教材
Ⅳ.①TG453

中国版本图书馆 CIP 数据核字(2017)第 042894 号

责任编辑:李玉晖   文字编辑:余纪军
责任校对:宋 夏   装帧设计:张 辉

出版发行:化学工业出版社(北京市东城区青年湖南街 13 号 邮政编码 100011)
印　　装:三河市延风印装有限公司
787mm×1092mm 1/16 印张 12¼ 字数 297 千字 2017 年 7 月北京第 1 版第 1 次印刷

购书咨询:010-64518888(传真:010-64519686) 售后服务:010-64518899
网　　址:http://www.cip.com.cn
凡购买本书,如有缺损质量问题,本社销售中心负责调换。

定　　价:39.00 元

随着近代物理、化学、材料、机械、电子、计算机等学科的发展，焊接技术取得令世人瞩目的发展，成为制造业中不可缺少的重要制造技术之一，各行各业对焊接技术人才的需求也日益增加。为了满足社会需求，2012 年，教育部将"焊接技术与工程"专业列入专业目录，允许更多的高等院校培养专门的焊接技术人员。作为独立的本科专业，焊接技术与工程专业培养方案中的焊接专业课程的学时增加，要求对焊接专业知识进行更加全面、深入的讲授。原有的焊接方法及设备课程已不能满足要求，多数院校分别开设了"熔焊方法及设备"、"压焊方法及设备"、"钎焊"、"特种焊接方法"等课程。

压焊是焊接科学技术的重要组成之一，一般具有焊接质量好、生产效率高、成本低、适用于大批量生产等特点，广泛应用于航空、航天、能源、电子、汽车等领域。压焊方法种类多，与熔焊方法相比，不同压焊方法的原理及工艺差别较大。本书介绍了各种压焊方法的基本原理、特点、工艺过程、设备及其典型应用实例，主要内容包括电阻焊、摩擦焊、扩散焊、超声波焊、爆炸焊、高频焊、冷压焊和热压焊。

本书适用面广，既可作为大中专院校焊接技术与工程专业的教材，也可供从事焊接技术的工艺技术人员及质量检验人员使用。

本书由张元彬主编，史传伟、王庭庭副主编。参加本书编写的人员有张元彬、史传伟、王庭庭、孙俊华、霍玉双、罗辉、刘鹏、李嘉宁、潘光慧、冯可云等。编写过程中，山东大学的李亚江教授、陈茂爱教授提供了大量参考资料和建议，在此特致谢意！同时，向本书所引用文献的作者致以衷心的感谢！

由于编者水平所限，书中难免存在不足之处，敬请广大读者批评指正。

编者

2017 年 1 月

目 录

第3章 摩擦焊   37

第4章 扩散焊   86

第1章

概　　述

1.1　压焊本质及特点

　　焊接是指被焊工件的材质（同种或异种），通过加热或加压或二者并用，用或不用填充材料，使工件的材质达到原子间的结合而形成永久性连接的工艺过程。压焊是焊接技术重要的一类，焊接过程中必须对焊件施加压力（加热或不加热），以完成焊接。压力的大小同材料的种类、所处温度、焊接环境和介质等有关，而压力的性质可以是静压力、冲击力或爆炸力。

　　在少数压焊过程中（如点焊、缝焊等），焊接区金属熔化并同时被施加压力：加热→熔化→冶金反应→凝固→固态相变→形成接头，类似于熔焊的一般过程，但是，由于压力的作用，提高了焊接接头的质量。

　　在多数压焊过程中，焊接区金属仍处于固相状态，依赖于压力（不加热或伴以加热）作用下经过塑性变形、再结晶和扩散等过程而形成接头。压力对形成接头起了重要作用，而加热可促进焊接过程的进行，更易于实现焊接，因为加热可提高金属的塑性，降低金属变形阻力，显著减小所需压力；同时，加热又能增加金属原子的活动能力或扩散速度，促进原子间的相互作用。例如，铝在室温下其对接端面的变形度要达到 60％ 以上才可以实现焊接（冷压焊），而当对接端面被加热至 400℃ 时，则只需 8％ 的变形度就能实现焊接（电阻焊），所施加的压力将大为降低。焊接区金属加热的温度越低，实现焊接所需的压力就越大。固相焊中冷压焊时所需压力最大，扩散焊时压力最小。一般来说，这种固相焊接头的质量，主要取决于接头表面氧化膜（室温下其厚度为 1～5mm）和其他不洁物在焊接过程中被清除的程度，并总是与接头部位的温度、压力、变形或若干场合下的其他因素（如超声波焊接时的摩擦、扩散焊时的真空度等）有关。

压焊分类及应用

依照族系法分类规则，压焊方法分为电阻焊、高频焊、扩散焊、摩擦焊、超声波焊、爆炸焊、变形焊、气压焊、磁力脉冲焊、旋弧焊十大类，每一大类又可分为若干小类。压焊广泛应用于航空、航天、原子能、信息工程、汽车制造等工业部门。

(1) 电阻焊

电阻焊是工件组合后通过电极施加压力，利用电流通过接头的接触面及邻近区域产生的电阻热及压力产生的塑性变形能量进行焊接的方法。电阻焊是一种焊接质量稳定，生产效率高，易于实现机械化、自动化的连接方法，广泛应用在汽车、航空航天、电子、家用电器等领域，目前电阻焊方法已占整个焊接工作量的 1/4 左右，并有继续增加的趋势。

电阻焊主要有点焊、缝焊、凸焊、对焊几种。

(2) 高频焊

利用 10～500kHz 的高频电流进行焊接的方法，主要应用在机械化或自动化程度颇高的管材、型材生产线中。焊件材质可为钢、有色金属，管径 6～1420mm、壁厚 0.15～20mm，小径管多为直焊缝，大径管多为螺旋焊缝。根据高频电能导入方式，高频焊可分为高频接触焊和高频感应焊两类。

(3) 扩散焊

扩散焊是将两焊件紧密贴合并置于真空或保护气氛中加热，在一定温度和压力的作用下保持一段时间，使接触的材料表面相互靠近，局部发生塑性变形，原子间产生相互扩散，在界面处形成新的扩散层，从而实现可靠连接。扩散焊特别适合异种金属材料、陶瓷、金属间化合物、非晶态及单晶合金等新材料的接合，广泛应用于航空、航天、仪表及电子等国防部门，并逐步扩展到机械、化工及汽车制造等领域。

(4) 摩擦焊

通常所说的摩擦焊是利用焊件相对摩擦运动产生的热量来实现材料可靠连接的一种压焊方法。在压力的作用下，相对运动的待焊材料之间产生摩擦，使界面及附近温度升高并达到热塑性状态，随着顶锻力的作用界面氧化膜破碎，材料发生塑性变形与流动，通过界面元素扩散及再结晶冶金反应而形成接头。根据焊件的相对运动进行分类，摩擦焊分为连续驱动摩擦焊、相位控制摩擦焊、惯性摩擦焊。

搅拌摩擦焊是英国焊接研究所于 1991 年发明的一种固态连接技术，靠搅拌头与待焊件之间的相对摩擦运动产生热量而实现焊接，是由摩擦焊派生发展起来的一种新型焊接工艺。

(5) 超声波焊

超声波焊是利用超声波的高频振动，在静压力的作用下将弹性振动能量转变为工件间的摩擦功和形变能，对焊件进行局部清理和加热焊接的一种压焊方法。主要用于连接同种或异种金属、半导体、塑料及金属陶瓷等材料。

(6) 爆炸焊

爆炸焊是以炸药作为能源，利用爆炸时产生的冲击力，使焊件发生剧烈碰撞、塑性变形、熔化及原子间相互扩散，从而实现连接的一种压焊方法。主要用于金属复合板材、异种材料（异种金属、陶瓷与金属等）过渡接头以及爆炸压力成形加工等方面，一般采用接触爆炸，将炸药直接置于待焊试件的表面，有时为了保护表面的质量，可在炸药与待焊试件间加入一缓冲层。其见图 1-1。

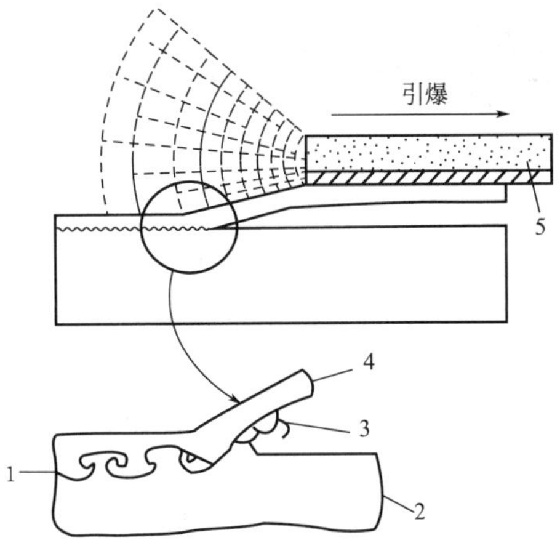

（7）变形焊

变形焊是在外加压力的作用下，待焊金属产生塑性变形而实现固态连接的一种压焊方法。变形焊通常在室温（冷压焊）或 100～300℃（热压焊）条件下的大气、惰性气体或超高真空中（超高真空变形焊）进行。

（8）气压焊

气压焊是用气体火焰加热两焊件端面，在压力作用下获得牢固接头的焊接方法。气压焊时一般使用圆环状多头焊炬。

（9）磁力脉冲焊

当磁场线圈中瞬间流过强大的脉冲电流时，在待焊管件中将产生方向相反的感应电流，感应电流所产生的磁场和线圈电流所产生的磁场之间的相互作用就产生一个高强度的压力 p，该力使待焊管件变形并向管内侧装配的管或棒材冲撞，使二者压接在一起实现常温压焊。磁力脉冲技术不仅可用于焊接，还可用于金属成形。

图 1-1　爆炸焊原理

1—焊缝；2—基板；3—射流；4—腹板；5—炸药

（10）旋弧焊

首先将两根管子对接，接头放在磁场线圈中间，接通焊接电源、激磁电源和保护气体后，将两焊件端头相互移开一定距离引弧，电弧旋转，工件端部开始熔化，然后对两根管子施加轴向压力，切断电流、磁场和保护气体，完成焊接。其见图 1-2。

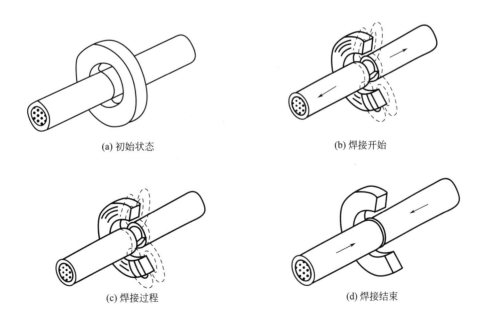

(a) 初始状态　　　　　　　　　　(b) 焊接开始

(c) 焊接过程　　　　　　　　　　(d) 焊接结束

图 1-2　旋弧焊原理

1.3　课程性质及任务

本课程是焊接技术与工程专业的专业必修课，也可作为材料成型及控制工程专业焊接方向的专业选修课程。

通过本课程的学习，使学生掌握压焊的基础理论，并结合常用金属材料及典型零件焊接特点分析，培养具有制定压焊工艺及处理有关实际生产问题的能力。

（1）掌握压焊接头形成过程等基础理论及焊接参数对焊接质量影响的一般规律。

（2）了解常用金属材料及典型零件的压焊特点，并能结合产品技术要求较正确地选择压焊设备及焊接参数。

（3）熟悉压焊设备的工作原理，能正确选择和合理使用。

（4）了解压焊方法及设备的国内外发展前景，提高多学科融合的思维能力，成为适应社会需求的应用型复合人才。

第 2 章

电 阻 焊

电阻焊（resistance welding），是利用电阻加热、加压实现材料连接的一种焊接方法。焊接过程中待连接工件组合后通过不同截面形状的电极施加压力，同时利用电极对接头通电，电流通过接头的接触面及邻近区域产生的电阻热将其加热到熔化或塑性状态，使之形成金属间结合的一种焊接方法。

电阻焊具有生产效率高、低成本、节省材料、易于自动化等特点，因此广泛应用于航空、航天、能源、电子、汽车、轻工等各工业部门，是重要的压力焊接工艺之一。

2.1 电阻焊基本原理

2.1.1 电阻焊的产热

电阻焊焊接时产生的电阻热量由下式决定：

$$Q = I^2 Rt \tag{2-1}$$

式中　Q——接头产生的热量，J；

　　I——焊接电流，A；

　　R——电极间电阻，Ω；

　　t——焊接时间，s。

电阻焊原理如图 2-1 所示，焊接电源（焊机）将高电压小电流转变为低电压大电流，电流经电极流经被焊工件，在被焊工件的接触面上通过电阻热量将被焊工件熔化或者使其达到热塑性状态，形成焊核，在电极压力作用下实现被焊工件的连接。

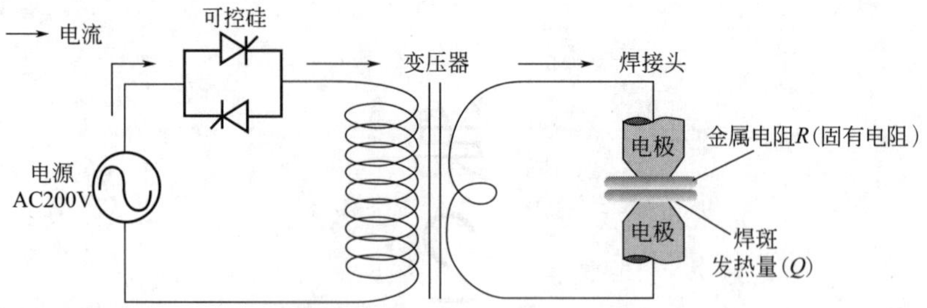

图 2-1　电阻焊原理示意图

2.1.2　电阻焊焊接过程

进行电阻焊时，一个完整的焊接循环过程一般包括以下几个方面。

1）预压阶段——电极开始接触工件，接头未通电之前，电极施加给工件一定的压力，确保电极压紧工件，使工件间有适当压力，确保工件之间的电阻在合理范围内，为下一步的焊接做好准备。

2）焊接阶段——利用电极给工件通电，焊接区域产热形成熔核。

3）维持阶段——切断焊接电流，电极压力继续维持，直至熔核凝固到足够强度。

4）休止阶段——电极端面离开被焊工件到电极再次开始压紧下一个工件，开始下一个焊接循环的阶段。

2.1.3　电阻焊的影响因素

电阻焊过程中通过电流流经焊接区域电阻产生热量，使接头区域处于熔化或者热塑性状态，形成熔核，在两端压力的作用下形成冶金层面的结合而完成焊接过程，所以焊接区域的电阻热是影响电阻焊接头质量的关键因素，主要与焊接区域电阻、焊接电流、通电时间、电极压力、电极形状及材料性能以及工件表面其他因素有关。

（1）焊接区域电阻

焊接区域的电阻由两部分组成：一是金属本身存在的电阻，这是金属的固有属性，称为固有电阻。二是由于电极与金属或者是金属与金属接触所产生的电阻，称为接触电阻。焊接区域总电阻 R 的计算式：

$$R = R_1 + R_2 + R_3 + R_4 + R_5 \tag{2-2}$$

式中　R——焊接区域总电阻，Ω；

　　　R_1——电极与工件之间的接触电阻，Ω；

　　　R_2——固有电阻，Ω；

　　　R_3——待连接件之间的接触电阻，Ω；

　　　R_4——固有电阻，Ω；

　　　R_5——电极与工件之间的接触电阻，Ω。

焊接区域电阻如图 2-2 所示，R_2 和 R_4 为固有电阻，R_1、R_3、R_5 为接触电阻。

在进行电阻焊接时，待连接工件材料的电阻率是被焊工件的重要性能，工件的固有电阻取决于它的电阻率、工件厚度以及焊接时电流流经的横截面积。不锈钢电阻率高

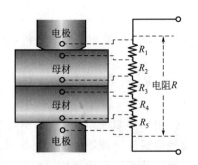

图 2-2　电阻焊焊接区域电阻构成

而导电性差，铝合金电阻率低而导电性好，因此采用电阻焊焊接不锈钢时产热较多而且散热困难，焊接铝合金时产热较少而热量对外传导损失较多，所以前者可用较小电流，而后者就必须用很大电流。电阻率不仅取决于金属种类，还与金属的热处理状态、加工方式及焊接时的温度有关。

接触电阻存在的时间很短暂，一般存在于焊接循环初期，接触电阻产生的原因主要有以下两方面。

① 工件和电极表面存在电阻率较高的氧化物或其他物质层，对电流的阻碍作用较大，厚度较大时甚至会使电流不能经过焊接区域。

② 在表面十分洁净的条件下，由于表面的微观不平度，使工件只能在粗糙表面的局部形成接触点，导致电流流经路径的有效横截面积减小，在接触点处电阻较大，电阻产热增多。

电极与工件间的接触电阻 R_1 与 R_5 和接触电阻 R_3 相比，一般采用的电极材料的电阻率比工件低，因此电阻很小，对熔核形成过程的影响更小，较少考虑它的影响。

（2）焊接电流的影响

从公式（2-1）可见，电流对产热的影响比电阻和时间两者都大。因此在焊接过程中，它是一个必须严格控制的参数，电流的波动会使产热量发生较大范围的波动，从而对接头质量影响较大。

（3）焊接时间的影响

为了保证熔核尺寸和焊点强度，焊接时间与焊接电流在一定范围内可以相互补充。为了获得一定强度的焊点，可以采用大电流短时间焊，也可采用小电流长时间焊，选用何种焊接规范，取决于被焊金属的性能、尺寸和焊机的功率。

（4）电极压力的影响

电极压力对两电极间总电阻 R 有明显的影响，随着电极压力的增大，R 显著减小，而焊接电流增大的幅度却不大，因 R 减小引起的产热减少。因此焊点强度随着焊接压力增大而减小，一般情况下在增大焊接压力的同时，增大焊接电流，确保焊接区域产热稳定。

（5）电极形状及材料性能的影响

由于电极的接触面积决定着电流密度，电极材料的电阻率和导热性关系着热量的产生和散失，因此电极的形状和材料对熔核的形成有显著影响。随着电极端头的变形和磨损，接触面积增大，接头强度将降低。

（6）工件表面状况的影响

工件表面的氧化物、污垢、油和其他杂质增大了接触电阻，过厚的氧化物层甚至会使电流不能通过。局部的导通，由于电流密度过大，则会产生飞溅和表面烧损。氧化物层的存在还会影响各个焊点加热的不均匀性，引起焊接质量波动。因此彻底清理工件表面是保证获得优质接头的必要条件。

2.1.4　电阻焊的分类及技术特点

2.1.4.1　电阻焊的分类

按照焊接时接头的形式及工艺特点，电阻焊可以分为以下四类。

1）点焊（spot welding）：点焊是将焊件装配成搭接接头，并压紧在两柱状电极之间，利用电阻热熔化母材金属，形成焊点的电阻焊方法。点焊主要用于薄板焊接。

2）凸焊（projection welding）：凸焊是点焊的一种变形形式；在一个工件上有预制的凸点，凸焊时，一次可在接头处形成一个或多个熔核。

3）缝焊（seam welding）：缝焊的过程与点焊相似，只是以旋转的圆盘状滚轮电极代替柱状电极，将焊件装配成搭接或对接接头，并置于两滚轮电极之间，滚轮加压焊件并转动，连续或断续送电，形成一条连续焊缝的电阻焊方法。缝焊主要用于焊接焊缝较为有规则、要求密封的结构，板厚一般在 3mm 以下。

4）对焊（butt welding）：对焊是使焊件沿整个接触面焊合的电阻焊方法。分为电阻对焊和闪光对焊。

电阻对焊是将焊件装配成对接接头，使其端面紧密接触，利用电阻热加热至塑性状态，然后断电并迅速施加顶锻力完成焊接的方法，电阻对焊主要用于截面简单、直径或边长小于 20mm 和强度要求不太高的焊件。

闪光对焊是将焊件装配成对接接头，接通电源，使其端面逐渐移近达到局部接触，利用电阻热加热这些接触点，在大电流作用下，产生闪光，使端面金属熔化，直至端部在一定深度范围内达到预定温度时，断电并迅速施加顶锻力完成焊接的方法。闪光对焊的接头质量比电阻焊好，焊缝力学性能与母材相当，而且焊前不需要清理接头的预焊表面。闪光对焊适用范围较广，原则上能铸造的金属材料都可用闪光对焊焊接，例如低碳钢、高碳钢、合金钢、不锈钢等。还可以焊接各种板材、管件、型材、实心件、刀具等，是一种经济、高效率的焊接方法。

此外，按照焊接时采用的电流不同，电阻焊又可以分为直流电阻焊、交流电阻焊以及脉冲电阻焊等。

2.1.4.2　电阻焊的技术特点

电阻焊相对于一般的电弧焊接具有自己的一些特点：

1）生产率高。快速点焊可达 500 点/min 以上；对焊最高焊接速度可达 60m/min；

2）接头质量好。不易受有害气体作用，热量集中，热影响区小，变形不大，点、缝焊焊点处于内部，焊件表面质量较好，通常在焊后不必安排校正和热处理工序；

3）焊接成本较低。不需要焊丝、焊条等填充金属，以及氧、乙炔、氢等焊接材料，只有正常的电能消耗，焊接成本低；

4）操作简单，易于实现机械化和自动化，改善了劳动条件。

电阻焊在具有上述优点的同时，也具有一定的局限性：

1）目前还缺乏可靠的无损检测方法，焊接质量只能靠工艺试样和工件的破坏性试验来检查，以及用各种监控技术来保证；

2）点、缝焊的搭接接头不仅增加了构件的重量，且因在两板焊接熔核周围形成夹角，致使接头的抗拉强度和疲劳强度均较低；

3）设备功率大，机械化、自动化程度较高，设备成本较高、维修困难，并且常用的大功率单相交流焊机不利于电网的平衡运行。

2.2　点焊

点焊是电阻焊的一种，是将被焊工件压紧于两电极之间，并通过电流，利用电流流经工件接触面及邻近区域产生的电阻热将其加热到熔化或塑性状态，使之形成金属结合的一种方法，如图 2-3 所示。

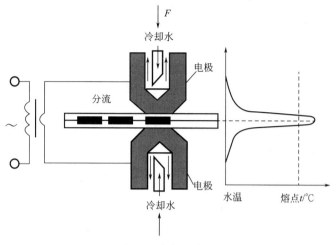

图 2-3　点焊示意图

点焊是把焊件在接头处接触面上的个别点焊接起来，点焊要求金属要有较好的塑性，是一种高速、经济的连接方法。它适用于制造接头不要求气密，厚度小于 3mm，冲压、轧制的薄板搭接构件，广泛用于汽车、摩托车、航空航天、家具等行业产品的生产。

2.2.1　点焊循环过程

点焊的焊接循环和一般的电阻焊接基本相同，由四个基本的阶段构成，如图 2-4 所示。

1）预压阶段——将待焊的两个焊件搭接起来，置于上、下铜电极之间，然后施加一定的电极压力，将两个焊件压紧。

2）焊接时间——焊接电流通过工件，由电阻热将两工件接触表面加热到熔化温度，并逐渐向四周扩大形成熔核。

3）维持时间——当熔核尺寸达到所要求的大小时，切断焊接电流，电极压力继续保持，熔核在电极压力作用下冷却结晶形成焊点。

4）休止时间——焊点形成后，电极提起，去掉压力，到下一个待焊点压紧工件的时间。休止时间只适用于焊接循环重复进行的场合。

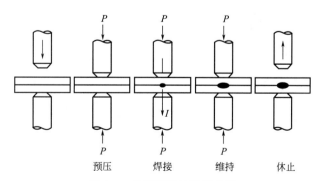

图 2-4　点焊循环过程示意图

2.2.2 点焊方法

点焊通常分为双面点焊和单面点焊两大类。

单面点焊时，电极由工件的同一侧向焊接处馈电。典型的单面点焊方式如图 2-5 所示，图中（a）为单面单点点焊，不形成焊点的电极采用大直径和大接触面以减小电流密度。图中（b）为无分流的单面双点点焊，此时焊接电流全部流经焊接区。图中（c）为有分流的单面双点点焊，流经上面工件的电流不经过焊接区，形成分流。为了给焊接电流提供低电阻的通路，在工件下面垫有铜垫板。图中（d）为当两焊点的间距 l 很大时，例如在进行骨架构件和复板的焊接时，为了避免不适当的加热引起复板翘曲和减小两电极间电阻，采用了特殊的铜桥 A，与电极同时压紧在工件上。

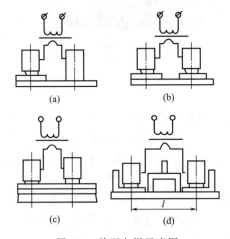

图 2-5　单面点焊示意图

典型的双面点焊方式如图 2-6 所示。图中（a）是最常用的方式，这时工件的两侧均有电极压痕。图中（b）表示用大面积的导电板做下电极，这样可以消除或减轻下面工件的压痕。常用于装饰性面板的点焊。图中（c）为同时焊接两个或多个点焊的双面点焊，使用一个变压器而将各电极并联，这时，所有电流通路的阻抗必须基本相等，而且每一焊接部位的表面状态、材料厚度、电极压力都需相同，才能保证通过各个焊点的电流基本一致。图中（d）为采用多个变压器的双面多点点焊，这样可以避免图中（c）对电阻、表面状态、材料厚度和电极压力的苛刻要求。

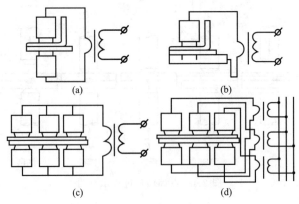

图 2-6　双面点焊示意图

在大量生产中，单面多点点焊应用较为广泛。这时可采用由一个变压器供电，各对电极轮流压住工件的形式，也可采用各对电极均由单独的变压器供电，全部电极同时压住工件的形式。后一形式具有较多优点，应用也较广泛。其优点有：

① 各变压器可以安置得离所连电极最近，因而其功率及尺寸能显著减小。

② 各个焊点的工艺参数可以单独调节；全部焊点可以同时焊接、生产率高。

③ 全部电极同时压住工件，可减少变形；多台变压器同时通电，能保证三相负荷平衡。

2.2.3　点焊电极

点焊电极是保证点焊质量的重要零件，它的主要功能有：①向工件传导电流；②向工件传递压力；③迅速导散焊接区的热量。

基于电极的上述功能，一般要求制造电极的材料应具有足够小的电阻、热导率和高温硬度，电极必须有足够的强度和刚度，以及充分冷却的条件。此外，电极与工件间的接触电阻应足够低，以防止工件表面熔化或电极与工件表面之间的合金化。电极材料按我国航空航天工业部航空工业标准规定，分为四类，但常用的是前三类。

第一类是高电导率、硬度中等的铜及其合金。这类材料主要通过冷作变形方法使其硬度符合要求。适用于制造焊铝及其合金的电极，也可用于镀层钢板的点焊，还常用于制造不受力或低应力的导电部件。

第二类具有较高的电导率、硬度高于第一类合金。这类合金可通过冷作变形与热处理相结合的方法达到其性能要求。这一类材料具有较高的力学性能，适中的电导率，在中等程度的压力下，有较强的抗变形能力，因此是最通用的电极材料，广泛地用于点焊低碳钢、低合金钢、不锈钢、高温合金、电导率低的铜合金，以及镀层钢等。此外，还适用于制造轴、夹钳、台板、电极夹头等电阻焊机中各种导电构件。

第三类电导率低于前两类，硬度高。这类合金可通过热处理或冷作变形与热处理相结合的方法达到其性能要求。这类合金具有更高的力学性能和耐磨性能好，软化温度高，但电导率较低。

点焊电极由四部分组成：端部、主体、尾部和冷却水孔，常见的点焊电极如图 2-7 所示。在焊接过程中电极的端面直接与高温的工件表面接触，在焊接生产中反复受高温和高压，因此，粘附、合金化和变形是电极设计中应着重考虑的问题。

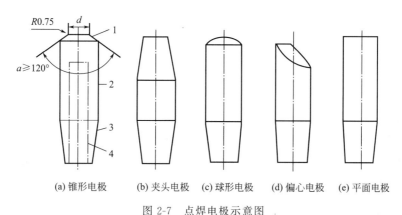

图 2-7　点焊电极示意图

1—端部；2—主体；3—尾部；4—冷却水孔

2.2.4　点焊接头形式

点焊通常采用搭接接头和折边接头，如图 2-8 所示。接头可以由两个或两个以上等厚度或不等厚度的工件组成。在设计点焊结构时，必须考虑电极的可达性，即电极必须能方便地抵达工件的焊接部位。同时还应考虑诸如边距、搭接量、点距、装配间隙和焊点强度诸因素。

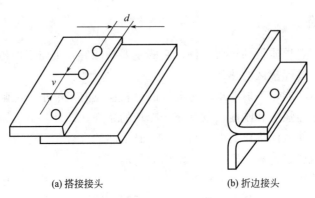

(a) 搭接接头　　　　　　　　　　　　(b) 折边接头

图 2-8　点焊的接头形式

边距的最小值取决于被焊金属的种类、厚度和焊接时的条件。对于屈服强度高的金属、薄件采用强条件时可取较小值。

点距即相邻两焊点的中心距，其最小值与被焊金属的厚度、电导率，表面清洁度，以及熔核的直径有关。规定点距最小值主要是考虑焊接电流分流的影响，采用强条件和大的电极压力时，点距可以适当减小。

装配间隙必须尽可能小，因为靠压力消除间隙将消耗一部分电极压力，使实际的焊接压力降低。待连接件的间隙不均匀会导致焊接压力波动，引起各焊点强度差异明显，过大的间隙还会引起严重飞溅，许用的间隙值取决于工件刚度和厚度，刚度、厚度越大，许用间隙越小，通常焊接时许用间隙为 0.1~2mm。

单个焊点的剪切强度取决于两板交界上熔核的横截面积，为了保证接头强度，除熔核直径外，焊透率和压痕深度也应符合要求，焊透率是指焊透的整板的深度与板厚的比例：

$$\eta = \frac{h}{\delta - c} \times 100\% \qquad (2\text{-}3)$$

式中　η——焊透率；

　　　h——焊透的整板厚度，mm；

　　　δ——板厚，mm；

　　　c——压痕深度，mm。

两板上的焊透率只允许介于 (20~80)% 之间，镁合金的最大焊透率只允许至 60%。而钛合金则允许至 90%。焊接不同厚度工件时，每一工件上的最小焊透率可为接头中薄件厚度的 20%，压痕深度不应超过板件厚度的 15%，如果两工件厚度比大于 2，或在不易接近的部位施焊，以及在工件一侧使用平头电极时，压痕深度可增大到 20%~25%。

点焊接头受垂直面板方向的拉伸强度，称为正拉强度。由于在熔核周围两板间形成的尖角会导致应力集中，而使熔核的强度降低，通常点焊接头以正拉强度和剪切强度之比作为判断接头延展性的指标，正拉强度和剪切强度的比值越大，接头的延展性就越好。

多个焊点形成的点焊接头强度还取决于点距和焊点分布。点距小时接头会因为分流而影响其强度，点距大会限制焊点数量。因此必须兼顾点距和焊点数量，才能获得最大的接头强度，多列焊点最好交错排列而不要作矩形排列。

2.2.5　常用材料的点焊

2.2.5.1　焊前清理

无论采用何种焊接方法，在焊前都要对被焊工件进行清理，以保证能获得良好的焊接接头性能。相对于电弧焊接来讲，点焊在对焊接前的清理要求更加严格。清理方法分机械清理和化学清理两种。常用的机械清理方法有喷砂、喷丸、抛光以及用纱布或钢丝刷拭等，不同的金属和合金，需采用不同的清理方法。

铝及其合金对表面清理的要求十分严格，由于铝的化学性质比较活泼，极易和氧反应生成氧化膜。因此清理后的表面在焊前允许保持的时间是比较严格的。

铝合金的氧化膜主要用化学方法去除。

铝合金表面的氧化膜也可用机械方法清理。如用纱布、钢丝刷方法手动或者自动清理等。但为防止损伤工件表面，一般采用细密的纱布或者采用小直径的钢丝。

镁合金一般使用化学清理，经腐蚀后再在铬酐溶液中纯化。这样处理后会在表面形成薄而致密的氧化膜，它具有稳定的电气性能，可以保持 10 昼夜或更长时间，性能仍几乎不变。镁合金也可以用钢丝刷清理。

钛合金的氧化皮，可在盐酸、硝酸及磷酸钠的混合溶液中进行深度腐蚀加以去除。也可以用钢丝刷或喷丸等机械方法处理。

低碳钢和低合金钢的抗腐蚀能力较低。因此这些金属在运输、存放和加工过程中常常用抗蚀油保护。如果涂油表面未被车间的脏物或其他不良导电材料所污染，在电极的压力下，油膜很容易被挤开，不会影响接头质量。

2.2.5.2　低碳钢的点焊

低碳钢的含碳量低于 0.25%。其电阻率适中，需要的焊机功率不大；塑性温度区宽，易于获得所需的塑性变形而不必使用很大的电极压力；碳与微量元素含量低，无高熔点氧化物，一般不产生淬火组织或夹杂物；结晶温度区间窄、高温强度低、热膨胀系数小，因而开裂倾向小。这类钢具有良好的焊接性，其焊接电流、电极压力和通电时间等工艺参数具有较大的调节范围。

2.2.5.3　不锈钢的点焊

不锈钢一般分为：奥氏体不锈钢、铁素体不锈钢和马氏体不锈钢三种。由于不锈钢的电阻率高、导热性差，因此与低碳钢相比，可采用较小的焊接电流和较短的焊接时间。这类材料有较高的高温强度，必须采用较高的电极压力，以防止产生缩孔、裂纹等缺陷。不锈钢的热敏感性强，通常采用较短的焊接时间、强有力的内部和外部水冷却，并且要准确地控制加热时间、焊接时间及焊接电流，以防热影响区晶粒长大和出现晶间腐蚀现象。

点焊不锈钢的电极一般用第二类或第三类电极合金，以满足高电极压力的需要。

2.2.5.4 铝合金的点焊

铝合金的应用十分广泛，分为冷作强化和热处理强化两大类。铝合金点焊的焊接性较差，尤其是热处理强化的铝合金。其原因及应采取的工艺措施如下。

1) 铝及其合金电导率和热导率较高，必须采用较大电流和较短时间焊接，这样才能够短时间之内产生足够的热量来形成熔核，而不会导致表面过热，避免电极粘附在待连接件上以及和电极离子向工件扩散。

2) 铝及其合金塑性温度范围窄、线膨胀系数大，必须采用较大的电极压力，电极随动性好，才能避免熔核凝固时，因过大的拉应力而引起的裂纹。对裂纹倾向大的铝合金，还必须采用加大锻压力的方法，使熔核凝固时有足够的塑性变形、减少拉应力，以避免裂纹产生。在弯电极难以承受大的定锻压力时，也可以采用在焊接脉冲之后加缓冷脉冲的方法避免裂纹。对于大厚度的铝合金可以两种方法并用。

3) 表面易生成氧化膜焊前必须严格清理，否则极易引起飞溅和熔核成形不良，使焊点强度降低，清理不均匀则将引起焊点强度不稳定。

点焊铝合金的电极应采用第一类电极合金，球形端面，以利于压固熔核和散热。由于电流密度较大以及氧化膜的存在，铝合金点焊时很容易产生电极粘着。电极粘着不仅影响外观质量，还会因电流减小而降低接头强度，为此需经常修整电极。

2.2.5.5 铜和铜合金的点焊

铜合金的电阻率比铝合金要低而导热率要高，所以铜及铜合金的焊接相比较而言是比较困难的，要求短时间内大的热输出和较大的压力。厚度小于1.5mm的铜合金，尤其是低电导率的铜合金在生产中用得最广泛。纯铜电导率极高，点焊比较困难。通常需要在电极与工件间加垫片，或使用在电极端头嵌入钨的复合电极，以减少向电极的散热。钨极直径通常为3~4mm。

焊接铜和高导电率的黄铜和青铜时，一般采用第一类电极合金做电极；焊接低导电率的黄铜、青铜和铜镍合金时，采用第二类电极合金做电极。

2.3 凸焊

凸焊（projection welding），是在一工件的贴合面上预先加工出一个或多个突起点，使其与另一工件表面接触并通电加热，然后压塌，使这些接触点形成焊点的电阻焊方法。凸焊是点焊的一种变形，主要用于焊接低碳钢和低合金钢的冲压件。板件凸焊最适宜的厚度为0.5~4mm，小于0.25mm时宜采用点焊。随着汽车工业发展，高生产率的凸焊在汽车零部件制造中获得大量应用。另外，凸焊在线材、管材等连接上也获得普遍应用。

凸焊与点焊相比还具有以下优点。

1) 在一个焊接循环内可同时焊接多个焊点。不仅生产率高，而且没有分流影响。因此可在窄小的部位上布置焊点而不受点距的限制。

2) 由于电流密集于凸点。电流密度大，故可用较小的电流进行焊接，并能可靠地形成较小的熔核。在点焊时，对应于某一板厚，要形成小于某一尺寸的熔核是很困难的。

3) 凸点的位置准确、尺寸一致。各点的强度比较均匀。因此对于给定的强度、凸焊焊点的尺寸可以小于点焊。

4）由于采用大平面电极，且凸点设置在一个工件上，所以可最大限度地减轻另一工件外露表面上的压痕。同时大平面电极的电流密度小、散热好，电极的磨损要比点焊小得多，因而大大降低了电极的保养和维修费用。

5）与点焊相比，工件表面的油、锈、氧化皮、镀层和其他涂层对凸焊的影响较小，但干净的表面仍能获得较稳定的质量。

凸焊的不足之处是需要冲刷凸点的附加工序，电极比较复杂，由于一次要焊多个焊点，需要使用高电极压力、高机械精度的大功率焊机。

由于凸焊有上述多种优点，因而获得了极广泛的应用。

2.3.1　凸焊方法

根据凸焊接头的结构形式，将凸焊方法分为单点凸焊、多点凸焊、环焊、T 形焊和线材交叉焊等，如图 2-9 所示。其中图 2-9（a）所示为多点凸焊，凸点设计成球面形、圆锥形和方形，并预先压制在薄件或厚件上，这种方法应用范围最广，多点凸焊在凸焊机上进行，最多一次焊 20 点。图 2-9（b）所示为环焊，在一个工件上预制出凸环或利用工件原有的型面、倒角构成的锐边，焊后形成一条环焊缝，这种方法应用也较广泛，密封性焊缝应在直流焊机上进行，最大可达直径 80mm，非密封性焊缝亦可在交流焊机进行；管壳、螺母、注液口等。图 2-9（c）所示为 T 形焊，在杆形上预制出单个或多个球面形、圆锥形、弧面形及齿形等凸点，一次加压通电焊接，操作过程在点焊机或凸焊机上进行，适用于螺钉、管-板等 T 形接头。图 2-9（d）为滚凸焊，在面板上预先制出多个圆凸点或长凸点，滚轮电极压紧工件，电流仅在有凸点的位置才通过，电极与工件连续转动，这种方法需要在专用滚凸焊机上进行。图 2-9（e）所示为线材交叉焊，利用线材（包含管材）轮廓的凸起部分相互交叉接触，此类方法应用范围较广，可在凸焊机或多点焊机上进行，适用于网片焊接等。

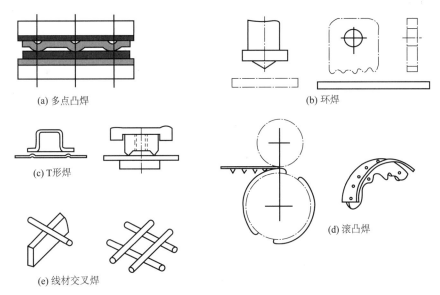

(a) 多点凸焊　　(b) 环焊

(c) T形焊　　(d) 滚凸焊

(e) 线材交叉焊

图 2-9　凸焊示意图

2.3.2　凸焊接头

凸焊接头也是在热-机械（力）联合作用下形成的。由于凸点的存在不仅改变了电流场和温度场的形态，而且在凸点压溃过程中使焊接区产生很大的塑性变形，这些情况均对获得优质接头有利。但同时也使凸焊过程比点焊过程复杂和有其自身特点，由预压、通电加热和冷却结晶三个连续阶段组成，如图 2-10 所示。

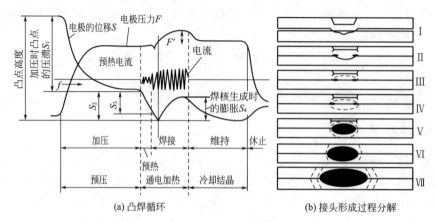

(a) 凸焊循环　　　　　　　　(b) 接头形成过程分解

图 2-10　凸焊接头形成过程

（1）预压阶段

在电极压力作用下凸点产生变形，压力达到预定值后，凸点高度均下降 1/2 以上（S_1）。因此凸点与下板贴合面增大，不仅使焊接区的导电通路面积稳定，同时也更好地破坏了贴合面上的氧化膜，造成比点焊时更为良好的物理接触［图 2-10（b)-Ⅰ］。

（2）通电加热阶段

该阶段由两个过程组成：其一为凸点压溃过程；其二为成核过程。

通电后，电流将集中流过凸点贴合面，当采用预热（或缓升）电流和直流焊接时，凸点的压溃较为缓慢，且在此程序时间内凸点并未完全压平［图 2-10（b)-Ⅱ］；随着焊接电流的继续接通，凸点被彻底压平［图 2-10（b)-Ⅲ］。此时如采用的是工频等幅交流焊机或加压机构随动性较差时，将引起焊点的初期喷溅。凸点压溃、两板贴合后形成较大的加热区，随着加热的进行，由个别接触点的熔化逐步扩大，形成足够尺寸的熔化核心和塑性区［图 2-10（b)-Ⅳ～Ⅶ］。同时，因焊接区金属体积膨胀，将电极向上推移 S_4 并使电极压力曲线升高。

（3）冷却结晶阶段

切断焊接电流，熔核在压力作用下开始冷却结晶，其过程与点焊熔核的结晶过程基本相同。凸焊搭接接头的设计与点焊相似。通常凸焊接头的搭接量比点焊的小。凸点间的间距没有严格限制。当一个工件的表面质量要求较高时，凸点应冲在另一工件上。在工件上凸焊螺母、螺栓等紧固工件时，凸点的数量必须足以承受设计载荷。

凸点的作用是将电流和压力局限在工件的特定位置上，其形状和尺寸取决于应用的场合和需要的焊点强度，常用凸点形状见图 2-11。

图中，(a) 为圆球形凸点；(b) 为圆锥形凸点；(c) 为带溢出环形槽的凸点。与冲有凸点的厚板相比，当平板较薄时采用小凸点，较厚时采用大凸点。

凸点形状以圆球形及圆锥形应用最广，后一种可提高凸点刚度，预防凸点过早压溃，还可以减小因焊接电流密度过大而引发初期喷溅。带溢出环形槽的凸点，可防止压塌的凸点金属挤在加热不良的周围间隙内而引起电流密度的降低，造成焊不透。

凸点也可以做成长形的（近似椭圆形），以增加熔核尺寸、提高焊点强度，此时凸点与

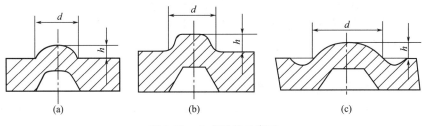

图 2-11　凸点形状示意图

平板将为线接触。凸焊时除利用上述几种形式的凸点形成接头外，根据凸焊工件种类不同还有多种接头形式。

2.3.3　常用金属材料的凸焊

(1) 低碳钢的凸焊

低碳钢的凸焊应用最广泛，表 2-1 是圆球和圆锥型凸焊的焊接条件。

表 2-1　低碳钢凸焊的焊接条件

板厚	点距	焊核直径	A 参数			B 参数			C 参数		
			时间	电极压力	焊接电流	时间	电极压力	焊接电流	时间	电极压力	焊接电流
/mm			/s	/N	/A	/s	/N	/A	/s	/N	/A
0.6	7	2.5	3	800	5000	6	700	4300	6	500	3300
0.8	9	3	3	1100	6600	6	700	5100	10	600	3800
0.9	10	4	5	1300	7300	8	900	5500	13	650	4000
1.0	10	4	8	1500	8000	10	1000	6000	15	700	4300
1.2	12	5	8	1800	8800	16	1200	6500	19	1000	4600
1.5	15	6	10	2500	10300	20	1600	7700	25	1500	5400
1.8	18	7	13	3000	11300	25	2000	8000	32	1800	6000
2.0	18	7	14	3600	11800	28	2400	8800	34	2100	6400
2.5	23	8	16	4600	14100	32	3100	10600	42	2800	7500
3.0	27	9	18	6800	14900	38	4500	11300	50	3600	8300

表 2-2 是低碳钢螺帽凸焊的焊接条件。凸焊螺帽时应采用较短时间，否则会使螺纹变色，精度降低。电极压力也不能过低，否则会引起凸点移位，使强度降低并损坏螺纹。

表 2-2　低碳钢螺帽凸焊的焊接条件

螺纹规格	平板厚度/mm	A 参数			B 参数		
		时间/s	电极压力/N	焊接电流/A	时间/s	电极压力/N	焊接电流/A
M4	1.2	3	3000	10000	6	2400	8000
	2.3	3	3200	11000	6	2600	9000
M8	2.3	3	4000	15000	6	2900	10000
	4.0	3	4300	16000	6	3200	12000
M12	1.2	3	4800	18000	6	4000	15000
	4.0	3	5200	20000	6	4200	17000

(2) 镀层钢板的凸焊

镀层钢板凸焊要比点焊容易一些，原因是电流集中于凸点，即使接触处的镀层金属首先熔化并蔓延开来，也不会像点焊一样使电流密度降低。此外由于凸焊时电极接触面大、电流密度小，因此无论是镀层的粘附还是电极的变形都比较小。

（3）其他金属材料的凸焊

可淬硬的高强度合金钢很少凸焊，但有时会进行线材交叉焊接，由于会产生淬火组织，必须进行电极间回火，并应采用比低碳钢高的电极压力。

不锈钢凸焊较易产生熔核移位现象。应注意选用合理的焊接工艺参数，并避免采用过小的点距。

铝合金强度低，刚一通电凸点即被压溃，起不到集中电流的作用，因此很少采用凸焊。但有时用于螺栓、螺帽的凸焊。

铜合金、钛合金也可以进行凸焊。

2.4　缝焊

点焊由于焊点间有一定的间距，所以只用于没有密封性要求的薄板搭接结构和金属网、交叉钢筋结构件等的焊接。如果把柱状电极换成圆盘状电极，电极紧压焊件并转动，焊件在圆盘状电极之间连续送进，再配合脉冲式通电。就能形成一个连续并重叠的焊点，形成焊缝，这就是缝焊，如图 2-12 所示。它主要用于有密封要求或接头强度要求较高的薄板搭接结构件的焊接，如油箱、水箱等。

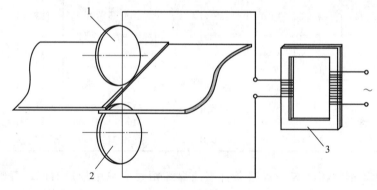

图 2-12　缝焊示意图
1—上焊轮；2—下焊轮；3—焊接变压器

2.4.1　缝焊电极

缝焊用的电极是圆形的滚盘，滚盘的直径一般为 50～600mm，常用的直径为 180～250mm，滚盘厚度为 10～20mm。接触表面形状有圆柱面和球面两种，个别情况下采用圆锥面。圆柱面滚盘广泛用于焊接各种钢和高温合金，球面滚盘因易于散热、压痕过渡均匀，常用于轻合金的焊接。

滚盘通常采用外部冷却方式。焊接有色金属和不锈钢时，用清洁的自来水即可，焊接一般钢时，为防止生锈，常用含 5％硼砂的水溶液冷却。滚盘有时也采用内部循环水冷却，特别是焊接铝合金的焊机，但其构造要复杂得多。

2.4.2　缝焊方法

按滚盘转动与馈电方式分，缝焊可分为连续缝焊、断续缝焊和步进缝焊。

连续缝焊时，滚盘连续转动，电流不断通过工件。这种方法易使工件表面过热，电极磨损严重，因而很少使用。

断续缝焊时，滚盘连续转动，电流断续通过工件，形成的焊缝由彼此搭叠的熔核组成。由于电流断续通过，在休止时间内，滚盘和工件得以冷却，因而可以提高滚盘寿命、减小热影响区宽度和工件变形，获得较优的焊接质量。但是由于滚盘不断离开焊接区，熔核在压力减小的情况下结晶，因此很容易产生表面过热、缩孔和裂纹。

步进缝焊时，滚盘断续转动，电流在工件不动时通过工件，由于金属的熔化和结晶均在滚盘不动时进行，改善了散热和压紧条件，因而可以更有效地提高焊接质量，延长滚盘寿命。这种方法多于铝、镁合金的缝焊。用于缝焊高温合金，也能有效地提高焊接质量。

按接头形式可分为搭接缝焊、压平缝焊、垫箔对接缝焊、铜线电极缝焊等。

2.4.3　缝焊接头及工艺

缝焊接头的形成本质上与点焊相同，因而影响焊接质量的诸因数也是类似的。主要有焊接电流、电极压力、焊接时间、休止时间、焊接速度和滚盘直径等。

1）焊接电流。缝焊形成熔核所需的热量来源与点焊相同，都是利用电流通过焊接区电阻产生的热量。在其他条件给定的情况下，焊接电流的大小决定了熔核的焊透率和重叠量。在焊接低碳钢时，熔核平均焊透率为钢板厚度的 30%～70%，以 45%～50% 为最佳。为了获得气密缝焊，熔核重叠量应不小于 15%～20%。

当焊接电流超过某一定值时，继续增大电流只能增大熔核的焊透率和重叠量而不会提高接头强度，这是不经济的。如果电流过大，还会产生压痕过深和焊接烧穿等缺陷。焊缝时由于熔核互相重叠而引起较大分流，因此，焊接电流通常比点焊时增大 15%～40%。

2）电极压力。缝焊时电极压力对熔核尺寸的影响与点焊一致。电极压力过高会使压痕过深，同时会加速滚盘的变形和损耗。压力不足则易产生缩孔，并会因接触电阻过大易使滚盘烧损而缩短其使用寿命。

3）焊接时间和休止时间。缝焊时，主要通过焊接时间控制熔核尺寸，通过冷却时间控制重叠量。在较低的焊接速度时，焊接与休止时间之比为 1.25:1～2:1，可获得满意结果。当焊接速度增加时，焊点间距增加，此时要获得重叠量相同的焊缝，就必须增大比例。为此，在较高焊接速度时，焊接与休止时间之比为 3:1 或更高。

4）焊接速度。焊接速度与被焊金属、板件厚度以及对焊缝强度和质量的要求等有关。通常在焊接不锈钢、高温合金和有色金属时，为了避免飞溅和获得致密性高的焊缝，必须采用较低的焊接速度。有时还采用步进缝焊，使熔核形成的全过程均在滚盘停止的情况下进行。这种缝焊的焊接速度要比常用的断续缝焊低得多。

焊接速度决定了滚盘与板件的接触面积以及滚盘与加热部位的接触时间，因而影响了接头的加热和散热。当焊接速度增大时，为了获得足够的热量，必须增大焊接电流。过大的焊接速度会引起板件表面烧损和电极粘附，因而即使采用外部水冷却，焊接速度也要受到限制。

　　缝焊的接头形式、搭边宽度与点焊类似（压平缝焊与垫箔对接缝焊的接头例外）。滚盘不像点焊电极那样可以做成特殊形状，因此设计缝焊结构时，必须注意滚盘的可达性。

　　当焊接小曲率半径工件时，由于内侧滚盘半径的减小受到一定限制，必然会造成熔核向外侧偏移，甚至使外侧板件未焊透。为此应避免设计曲率半径过小的工件。如果在一个工件上既有平直部分，又有曲率半径很小的部分，为了防止小曲率半径处的焊接未焊透，可以在焊到此部位时，增大焊接电流。

2.4.4　常见金属材料的缝焊

　　1）低碳钢的缝焊。低碳钢是焊接性最好的缝焊材料。低碳钢搭接缝焊根据使用目的和用途可采用高速、中速和低速三种方案。手动移动工件时，对便于对准预定的焊缝位置，多采用中速。自动焊接时，如焊机的容量足够，可以采用高速或更高的速度。如焊机容量不够，不降低速度就不能保证足够大的熔宽和熔深时，就只能采用低速。

　　2）淬火合金钢的缝焊。可淬硬合金钢缝焊时，为消除淬火组织，也需要采用焊后回火的双脉冲加热方式。在焊接和回火时，工件应停止移动，即应在步进缝焊焊机上进行。如果缺少这种设备，只能在断续缝焊机上进行时，建议采用焊接时间较长、焊接速度较弱的条件。表 2-3 是焊接低合金钢焊接条件的推荐值。

表 2-3　低合金钢缝焊的焊接条件

板厚 /mm	滚盘宽度 /mm	电极压力 /kN	时间/s		焊接电流 /kA	焊接速度 /(cm/min)
			焊接	休止		
0.8	5～6	2.5～3.0	6～7	3～5	6～8	60～80
1.0	7～8	3.0～3.5	7～8	5～7	10～12	50～70
1.2	7～8	3.5～4.0	8～9	7～9	12～15	50～70
1.5	7～9	4.0～5.0	9～10	8～10	15～17	50～60
2.0	8～9	5.5～6.0	10～12	10～13	17～20	50～60
2.5	9～11	6.5～8.0	12～15	13～15	20～24	50～60

　　3）不锈钢和高温合金的缝焊。不锈钢缝焊困难较小，通常在交流焊机上进行，不锈钢缝焊时的焊接条件如表 2-4 所示。高温合金缝焊时的焊接条件见表 2-5。

表 2-4　不锈钢缝焊时的焊接条件

板厚 /mm	滚盘厚度 /mm	电极压力 /kN	时间/s		焊接电流 /kA	焊接速度 /(cm/min)
			焊接	休止		
0.3	3～3.5	2.5～3.0	1～2	1～2	4.5～5.5	100～150
0.5	4.5～5.5	3.4～3.8	1～3	2～3	6.0～7.0	80～120
0.8	5.0～6.0	4.0～5.0	2～5	3～4	7.0～8.0	60～80
1.0	5.5～6.5	5.0～6.0	4～5	3～4	8.0～9.0	60～70
1.2	6.5～7.5	5.5～6.2	4～6	3～5	8.5～10	50～60
1.5	7.0～8.0	6.0～7.2	5～7	5～7	9.0～12	40～60
2.0	7.5～8.5	7.0～8.0	7～8	6～9	10～13	40～50

表 2-5　高温合金缝焊时焊接条件

板厚 /mm	电极压力 /kN	时间/s		焊接电流 /kA	焊接速度 /(cm/min)
		焊接	休止		
0.3	4～7	3～5	2～4	5～6	60～70
0.5	5～8.5	4～6	4～7	5.5～7	50～70
0.8	6～10	5～8	8～11	6～8.5	30～45
1.0	7～11	7～9	12～14	6.5～9.5	30～45
1.2	8～12	8～10	14～16	7～10	30～40
1.5	8～13	10～13	19～25	8～11.5	25～40
2.0	10～14	12～16	24～30	9.5～13.5	20～35
2.5	11～16	15～19	28～34	11～15	15～30
3.0	12～17	18～23	30～39	12～16	15～25

4）铝合金的缝焊。铝合金缝焊时，由于电导率高、分流严重，焊接电流要比点焊时提高 15%～50%，电极压力提高 10%。又因大功率单相交流缝焊机会产生严重影响电网三相负荷的均衡性，因此铝合金缝焊均采用三相供电的直流脉冲或次级整流步进焊机。

5）铜和铜合金的缝焊。铜和铜合金由于电导率和热导率高，几乎不能采用缝焊。对于电导率低的铜合金，如磷青铜、硅青铜和铝青铜等可以缝焊，但需要采用比低碳钢高的电流和较低的电极压力。

6）钛及其合金的缝焊。钛及其合金缝焊时没有太大的困难，其焊接条件与不锈钢大致相同，但电极压力要低一些。

2.5　对焊

对接电阻焊（以下简称对焊）是利用电阻热将两工件沿整个端面同时焊接起来的一类电阻焊方法。对焊的生产率高、易于实现自动化，因而获得广泛应用。对焊分为电阻对焊和闪光对焊两种。

2.5.1　电阻对焊

电阻对焊是将两工件端面始终压紧，利用电阻热加热至塑性状态，然后迅速施加顶锻压力（或不加顶锻压力只保持焊接时压力）完成焊接的方法。

电阻对焊时，两工件始终压紧，当端面温升高到焊接温度 T_w 时，两工件端面的距离小到只有几个埃，端面间原子发生相互作用，在接合上产生共同晶粒，从而形成接头。电阻对焊时的焊接循环有两种：一种是等压；一种是锻压力逐渐加大。前者加压机构简单，便于实现；后者有利于提高焊接质量，主要用于合金钢、有色金属及其合金的电阻对焊。

电阻对焊的主要工艺参数有：伸出长度、焊接电流（或焊接电流密度）、焊接时间、焊接压力和顶锻压力。

1）伸出长度　即工件伸出夹钳电极端面的长度。选择伸出长度时，要考虑两个因素：顶锻时工件的稳定性和向夹钳的散热。如果伸出长度过长，则顶锻时工件会失稳旁弯。过短则由于向钳口的散热增强，使工件冷却速度过大，导致塑性变形困难。

2）焊接电流和焊接时间　在电阻对焊时，焊接电流常以电流密度来表示。焊接时间和电流密度可以在一定范围内相应地调配，焊接时可以采用大电流密度、短时间（强条件），也可以采用小电流密度、长时间（弱条件）。但条件过强时，容易产生未焊透缺陷；过软时，会使接口端面严重氧化、接头区晶粒粗大、影响接头强度。

3）焊接压力与顶锻压力　对接头处的产热和塑性变形都有影响。减小压力，接触电阻升高，有利于产热，但不利于塑性变形。因此，易用较小的焊接压力进行加热，而以大得多的顶锻压力进行顶锻。

电阻对焊时，两工件的端面形状和尺寸应该相同，以保证工件的加热和塑性变形一致。工件的端面，以及与夹钳接触的表面必须进行严格清理。端面的氧化物和脏物将会直接影响到接头的质量。与夹钳接触的工件表面的氧化物和脏物将会增大接触处电阻，使工件表面烧伤、钳口磨损加剧，并增大功率损耗。

清理工件可以用砂轮、钢丝刷等机械手段，也可以用酸洗。

电阻焊接头中易产生氧化物夹杂。对于焊接质量要求高的稀有金属、某些合金钢和有色金属，常采用氩、氦等保护气体来解决。

电阻对焊虽有接头光滑、毛刺小、焊接过程简单等优点，但其接头的力学性能较低，对工件端面的准备工作要求高，因此仅用于小断面（小于 $250mm^2$）金属型材的对接。

2.5.2　闪光对焊

闪光对焊可分为连续闪光对焊和预热闪光对焊。

(1) 连续闪光对焊　它由两个主要阶段组成：闪光阶段和顶锻阶段。

① 闪光阶段　闪光的主要作用是加热工件。在此阶段中，先接通电源，并使两工件端面轻微接触，形成许多接触点。电流通过时，接触点熔化，成为连接两端面的液体金属过梁。由于液体过梁中的电流密度极高，使过梁中的液体金属蒸发、过梁爆破。随着动夹钳的缓慢推进，过梁也不断产生与爆破。在蒸气压力和电磁力的作用下，液态金属微粒不断从接口间喷射出来。形成火花急流：闪光。

在闪光过程中，工件逐渐缩短，端头温度也逐渐升高。随着端头温度的升高，过梁爆破的速度将加快，动夹钳的推进速度也必须逐渐加大。在闪光过程结束前，必须使工件整个端面形成一层液体金属层，并在一定深度上使金属达到塑性变形温度。

② 顶锻阶段　在闪光阶段结束时，立即对工件施加足够的顶端压力，接口间隙迅速减小过梁停止爆破，即进入顶锻阶段。顶锻的作用是密封工件端面的间隙和液体金属过梁爆破后留下的火口，同时挤出端面的液态金属及氧化夹杂物，使洁净的塑性金属紧密接触，并使接头区产生一定的塑性变形，以促进再结晶的进行、形成共同晶粒、获得牢固的接头。闪光对焊时在加热过程中虽有熔化金属，但实质上是塑性状态焊接。

(2) 预热闪光对焊　它是在闪光阶段之前增加了预热阶段，以断续的电流脉冲加热工件，然后再进入闪光和顶锻阶段。预热目的主要是为了减小所需用的焊机功率以及降低焊后的冷却速度，从而缩短闪光时间。但是预热会导致焊接周期延长，使焊接过程更加复杂，降低生产效率。

(3) 闪光对焊的主要参数　有伸出长度、闪光电流、闪光留量、闪光速度、顶锻留量、顶锻速度、顶锻压力、顶锻电流、夹钳夹持力等。

1）伸出长度　和电阻对焊一样，伸出长度影响沿工件轴向的温度分布和接头的塑性变形。随着伸出长度的增大，焊接回路的阻抗增大，需用功率增大。

2）闪光电流和顶锻电流　闪光电流和顶锻电流取决于工件的横截面积和闪光所需要的

电流密度。电流密度的大小又与被焊金属的物理性能、闪光速度、工件断面的面积和形状有关。在闪光过程中，随着接触电阻的逐渐减小，电流密度将增大。顶锻时接触电阻迅速消失，电流将急剧增大到顶锻电流。当焊接大截面钢件时，为增加工件的加热深度，应采用较小的闪光速度，所用的平均电流密度一般不超过 5A/mm²。

3）闪光留量　选择闪光留量，应满足在闪光结束时整个工件端面有一熔化金属层，同时在一定深度上达到塑性变形温度。如果闪光留量过小，会影响焊接质量。闪光留量过大，会浪费金属材料、降低生产率。在选择闪光留量时还应考虑是否有预热，因预热闪光对焊的闪光留量可比连续闪光对焊小。

4）闪光速度　足够大的闪光速度才能保证闪光的强烈和稳定。但闪光速度过大会使加热区过窄，使塑性变形的困难，同时由于需要的焊接电流增加，会增大过梁爆破后的火口深度，导致接头质量降低。选择闪光速度时应考虑被焊材料的成分和性能、是否有预热等。

5）顶锻留量　影响液体金属的排出和塑性变形的大小。顶锻留量过小时，液态金属残留在接口中，易形成疏松、缩孔、裂纹等缺陷；顶锻留量过大时，也会因晶纹弯曲严重，降低接头的冲击韧度。顶锻留量根据工件断面积选取，随着断面积的增大而增大。

6）顶锻速度　为避免接口区因金属冷却而造成液态金属排除及塑性金属变形的困难，以及防止端面金属氧化，顶锻速度越快越好。最小的顶锻速度取决于金属的性能。焊接奥氏体钢的最小顶锻速度均为焊接珠光体钢的两倍。导热性好的金属（如铝合金）焊接时需要很高的顶锻速度（150～200mm/s）。对于同一种金属，接口区温度梯度大的，由于接头的冷却速度快，也需要提高顶锻速度。

7）顶锻压力　顶锻压力通常以单位面积的压力，即顶锻压强来表示。顶锻压强的大小应保证能挤出接口内的液态金属，并在接头处产生一定的塑性变形。顶锻压强过小，则变形不足，接头强度下降；顶锻压强过大，则变形量过大，晶纹弯曲严重，又会降低接头冲击韧度。

顶锻压强的大小取决于金属性能、温度分布特点、顶锻留量和速度、工件断面形状等因素。高温强度大的金属要求大的顶锻压强。增大温度梯度就要提高顶锻压强。由于高的闪光速度会导致温度梯度增大，因此焊接导热性好的金属（铜、铝合金）时，需要大的顶锻压强（150～400MPa）。

8）夹钳夹持力　夹钳夹持力必须保持工件在顶锻时不打滑，主要与顶锻压力以及工件与夹钳之间的摩擦系数有关。

（4）预热闪光对焊参数　除上述工艺参数外，还应考虑预热温度和预热时间。

1）预热温度　根据工件断面和材料性能选择，焊接低碳钢时，一般不超过 700～900℃。随着工件断面积增大，预热温度应相应提高。

2）预热时间　与焊机功率、工件断面大小及金属的性能有关，可在较大范围内变化。预热时间取决于所需预热温度。

预热过程中，预热造成的缩短量很小，不作为工艺参数来规定。

2.5.3　常用结构的对焊

（1）管子对焊

管子对焊广泛用于锅炉制造、管道工程及石油设备制造。根据管子的断面和材料选择连续或预热闪光对焊。夹钳电极可以用半圆形或 V 形。通常当管径与壁厚的比值大于 10 时可选用半圆形，以防管子被压扁。比值小于 10 时可选用 V 形。为避免管子在夹钳电极中滑移，夹钳电极应有适当的工作长度。管径为 20～50mm 时，工件长度为管径的 2～2.5 倍；管径为 200～300mm 时为 1～1.5 倍。低碳钢和合金钢管连续闪光对焊的工艺参数可参考表 2-6。

表 2-6　20 钢、12Cr1MoV 及 12Cr18Ni12Ti 钢管连续闪光对焊的焊接条件

钢种	尺寸(直径×壁厚)/mm	次级空载电压/V	伸出长度 2L/mm	闪光留量/mm	平均闪光速度/(mm/s)	顶锻留量/mm	有电流顶锻量/mm
20	25×3			11～12	1.37～1.5	3.5	3.0
	32×3			11～12	1.22～1.33	2.5～4.0	3.0
	32×4	6.5～7.0	60～70	15	1.25	4.5～5.0	3.5
	32×5			15	1.0	5.0～5.5	4.0
	60×3			15	1.15～1.0	4.0～4.5	3.0
12Cr1MoV	32×4	6～6.5	60～70	17	1.0	5.0	4.0
12Cr18Ni12Ti	32×4	6.5～7.0	60～70	15	1.0	5.0	4.0

大直径厚臂钢管一般用预热闪光对焊，其工艺参数可参考表 2-7。

表 2-7　大断面低碳钢管预热闪光对焊的焊接条件

管子截面/mm²	次级空载电压/V	伸出长度 2L/mm	预热时间/s		闪光留量/mm	平均闪光速度/(mm/s)	顶锻留量/mm	有电流顶锻量/mm
			总时间	脉冲时间				
4000	6.5	240	60	5.0	15	1.8	9	6
10000	7.4	340	240	5.5	20	1.2	12	8
16000	8.5	380	420	6.0	22	0.8	14	10
20000	9.3	420	540	6.0	23	0.6	15	12
32000	10.4	440	720	8.0	26	0.5	16	12

管子焊后，需去除内外毛刺，以保证管子外表光洁，内部有一定的通道孔径。去除毛刺需使用专用工具。

(2) 薄板对焊

薄板对焊在冶金工业轧制钢板的连续生产线上广泛应用。板材宽度从 300 到 1500mm 以上，厚度从小于 1mm 到十几毫米。材料有碳钢、合金钢及有色金属及其合金等。板材对焊后，接头由于将经受轧制，并生产很大的塑性变形，因而不仅要有一定的强度、而且应有很高的塑性。厚度小于 5mm 的钢板，一般采用连续闪光对焊，用平面电极单面导电，板材较厚时，采用预热闪光对焊，双面导电，以保证沿整个端面加热均匀。低碳钢和不锈钢板闪光对焊的工艺参数见表 2-8、表 2-9。

表 2-8　低碳钢钢板的闪光和顶锻留量

厚度/mm	宽度/mm	留量/mm				
		总留量	闪光留量	顶锻留量		
				总留量	有电	无电
2	100	9.5	7	2	1	1
	400	11.05	9	2.5	1.5	1
	1200	15	11	4	2	2
	2000	17.5	15	4.5	2	2.5

续表

厚度 /mm	宽度 /mm	留量/mm				
		总留量	闪光留量	顶锻留量		
				总留量	有电	无电
3	100	12	9	3	2	1
	400	15	11	4	2.5	2
	1200	16	13	5	2	3
	2000	20	14	6	3	3
4～5	100	14	10	4	2	2
	400	17	12	5	2	2
	1200	20	14	6	3	3
	2000	21	15	6	3	3

表 2-9　不锈钢钢板的闪光和顶锻留量

厚度 /mm	最终钳口距离 /mm	闪光留量 /mm	顶锻留量 /mm	伸出总长 /mm
1.0	3	5.5	1.5	10
1.5	5	8	2	15
2	6	10.5	2.5	19
2.5	7	13	3.0	23
3	9.5	15	3.5	27
4	11	15	4	30
5	15	18	5	38
6	16	18	6	40
10	18	20	7	55

(3) 环形件对焊

环形件（如车轮辋、链环、轴承环、喷气发动机安装边等）焊接时，除了考虑对焊工艺的一般规律外，还应注意分流和环形件变形弹力的影响。由于存在分流，需用功率要增大 15%～50%。环形件对焊时，顶锻压力的选择必须考虑变形反弹力的影响，但由于分流有对环背加热的作用，因而顶锻压力增加量不大。

2.6　电阻焊设备

电阻焊设备是在加压条件下，利用电流通过焊件及接触面电阻产生的热量，对焊接区域局部加热焊接的一类设备的统称。

2.6.1　电阻焊设备分类

电阻焊设备按焊接工艺分类可分为点焊机、凸焊机、缝焊机和对焊机四种；按供能方式可分为单相工频焊机、二次整流焊机、三相低频焊机、储能焊机和逆变式电阻焊机。目前产量最多、应用最广的是单相工频焊机，但由于它的负载功率因数低，易对电网造成不利影响，所以近年逐渐发展了另外几种电阻焊机，其中逆变式电阻焊机成为今后发展的主流。

2.6.2　电阻焊设备的基本构成

一般电阻焊设备由三个主要部分组成，如图 2-13 所示。

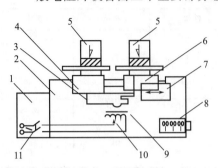

图 2-13　电阻焊设备的组成

1—控制器；2—机身；3—焊接回路；4—固定座板；5—夹紧机构；6—活动座板；7—送进机构；8—冷却系统；9—阻焊变压器；10—功率调节机构；11—主电力开关

1）供电装置：包括阻焊变压器、功率调节机构、主电力开关和焊接回路等。

2）机械装置：包括机架、加压（夹紧）机构、送进机构（对焊机）、传动机构（缝焊机）等。

3）控制装置：能同步地控制通电和加压，控制焊接程序中各段时间及调节焊接电流，有些还兼有焊接质量监控功能。

2.6.3　电阻焊设备的供电装置

根据电阻焊的基本原理及工艺要求，电阻焊机主电源一般具有以下特点。

1）可输出大电流、低电压。输出焊接电流一般在 1～100kA，固定式焊机输出空载电压一般在 12V 以内，移动式在 24V 以内。

2）输出功率大并可方便调节。一般采用大容量、低漏抗的阻焊变压器作焊接电源，利用改变阻焊变压器一次绕组线圈匝数方法分级调节焊接功率。

3）阻焊变压器一般无空载及负载持续率较低。

4）可提供多种焊接电流波形。

电阻焊机主电源可以采用单相工频交流、三相低频、二次整流、电容储能和逆变等方式供电，由于这几种供电方法的电阻焊机主电源的工作原理、特点及用途各不相同，通常根据被焊材料的性质和厚度、被焊工件的焊接工艺要求、设备投资费用以及用户的电网情况等因素选择其中一种供电方式的焊机。各种电阻焊机的主电力电路如图 2-14 所示。

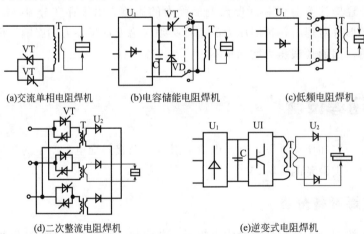

(a)交流单相电阻焊机　　(b)电容储能电阻焊机　　(c)低频电阻焊机

(d)二次整流电阻焊机　　　　　(e)逆变式电阻焊机

图 2-14　各种电阻焊机的主电力电路

T—焊接变压器；S—极性转换开关；U_2—二次整流元件；U_1—整流装置；VT—晶闸管；UI—逆变器；C—电容器（组）；VD—分流二极管

2.6.3.1　单相工频交流焊机

单相工频交流焊机一般由单相交流 380V 电网供电，流经主电力开关及功率调节器输入到焊接变压器的一次绕组，再经过焊接变压器降压后从其二次绕组输出一个与电网相同频率的交变大电流用于焊接工件，其原理及电流波形如图 2-15 所示。既可用于点焊机、凸焊机及缝焊机，也可用于对焊机。单相工频交流点、缝焊机功率一般不超过 300～400kV·A，凸焊机、对焊机功率不超过 1000kV·A。单相工频交流焊机一般用于焊接电阻率较大的材料，如碳钢、不锈钢、耐热钢等，但不能要求焊机有很大的焊接回路，且焊接回路内应尽量避免伸入磁性物质，因为这些都会使焊接回路阻抗增加，焊接电流减小。

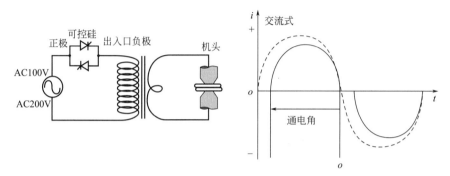

图 2-15　单相工频焊机原理及电流波形图

2.6.3.2　二次整流焊机

二次整流焊机具有功率大，焊接电流电压波形适应性强，三相负载均衡，功率因数高等特点，其电气框图及焊接电流波形如图 2-16 所示。

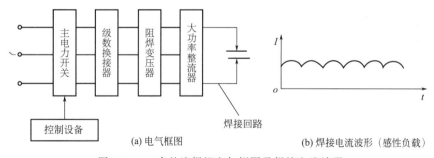

图 2-16　二次整流焊机电气框图及焊接电流波形

二次整流焊机适用于各种材料的点焊、凸焊、缝焊和对焊。

2.6.3.3　电容储能式焊机

电容储能焊机因为具有储能功能，所以具有从电网取用瞬时功率低，功率因数高，电流波形陡等特点，但是调节起来较困难，其原理图如图 2-17 所示，电流波形如图 2-18 所示。

电容储能式焊机适用于同种及异种金属的薄件、箔材及线材的精密焊接，包括点焊、凸焊、T 型焊、缝焊、电阻对焊和闪光对焊等。

2.6.3.4　直流冲击波电阻焊机

直流冲击波电阻焊机具有功率大，功率因数高，三相电网平衡，但是电流波形不易调节等特点，主要适用于铝合金、镁合金、铜合金和低碳钢的点焊、滚凸焊以及步进缝焊等，其电气框图和焊接电流波形如图 2-19 所示。

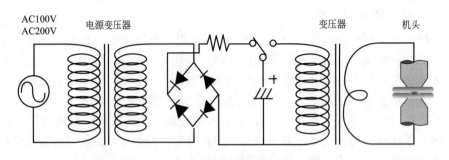

图 2-17 电容储能焊机原理图

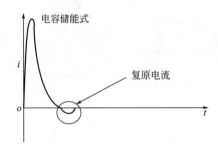

图 2-18 电容储能焊机电流波形图

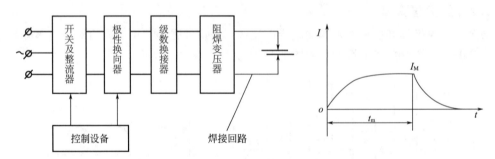

图 2-19 直流冲击波电阻焊机电气框图和焊接电流波形图

2.6.3.5 三相低频电阻焊机

三相低频电阻焊机具有功率大，功率因数高，三相电网平衡，可获得单、多脉冲规范的优点，但是其生产效率偏低，适用于焊接大厚度的黑色金属以及铝合金和镁合金等，其电气框图和焊接电流波形图如图 2-20 所示。

2.6.4 电阻焊设备的机械装置

电阻焊设备的机械装置由机架、加压机构、传动机构、夹紧和送进机构等组成。其中机架要求有足够的刚性、稳定性并能满足安装要求，目前多采用钢板或钢管的焊接结构。

2.6.4.1 加压机构

加压机构需要有良好的随动性、可提供不变或可变的压力曲线；有杠杆传动、电动凸轮传动、气压传动、气-液压传动等多种形式。可以使电极做直线或弧线运动，但以直线运动最好。焊前应能调节压力和施焊位置，加压要快速，摩擦力小，当焊件厚度变化时，压力应无显著变化。常见的加压机构类型如表 2-10 所示。

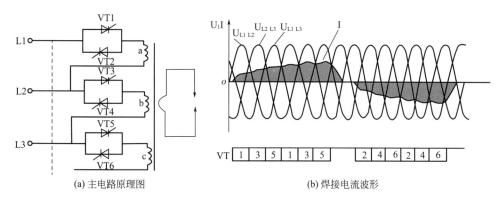

(a) 主电路原理图　　　　　　　　(b) 焊接电流波形

图 2-20　三相低频电阻焊机电气框图和焊接电流波形图

表 2-10　常见的加压机构类型

名　称	电极压力/N	压力变化曲线	应　用
杠杆弹簧传动		不变	25kV·A 以下点焊机
电动凸轮传动	<4000	不变	75kV·A 以下点焊机
电磁传动		不变或可变	小功率精密点焊机
交流伺服电极加压		可变	(中频)点焊机器人
气压传动	<15000	不变或可变	1000kV·A 以下点(凸)焊机
液压传动	<3500	不变	2800kV·A 以下多点焊机
气压-液压传动	<9000	不变	200kV·A 以下悬挂式点焊机

2.6.4.2　传动机构

以缝焊焊机为例，传动方式主要有三种。上滚轮电极为主动，多用于纵向缝焊机和万能缝焊机；下滚轮电极为主动，多用于横向缝焊机；上、下滚轮电极皆为主动，电极由滚花轮（修整轮）带动，主要用于缝焊镀层钢板。同时，按缝焊工艺要求不同，又有连续传动和步进传动两种形式，如图 2-21 和图 2-22 所示。

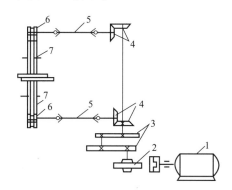

图 2-21　缝焊机连续传动示意图

1—电动机；2—减速器；3—可变换齿轮组；4—锥齿轮；
5—万向轴；6—修整轮；7—滚轮电极

2.6.4.3　送进机构

送进机构要求能够平稳运行，能实现需要的位移曲线和足够的顶锻速度和顶锻力，如图 2-23 所示。

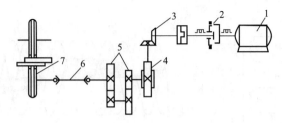

图 2-22　缝焊机步进传动示意图

1—直流电动机；2—磁力离合器；3—锥齿轮对；4—涡轮蜗杆减速器；

5—可变换齿轮组；6—万向联轴器；7—下滚轮电极

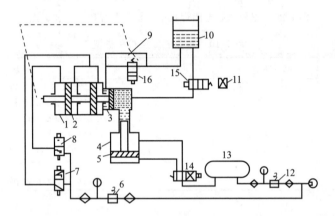

图 2-23　送进机构示意图

1—二级送气缸；2,5—活塞及活塞杆；3—液压缸；4—顶锻增压气缸；

6,12—减压阀；7,8—向前、向后电磁阀；9,11—节流阀；10—油箱；

13—储气筒；14—顶锻电磁阀；15,16—电磁阀（常开）

2.6.4.4　夹紧机构

夹紧机构要求有足够的夹紧力和接触面积，顶锻时不打滑，钳口距离和对中位置方便可调，如图 2-24 所示。

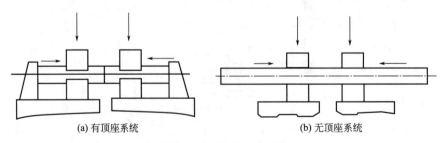

(a) 有顶座系统　　　　　　(b) 无顶座系统

图 2-24　夹紧机构示意图

有顶座系统可承受较大的顶锻力，所需夹紧力较小。无顶座系统可焊接长的零件（平板、钢轨、管子等）而应用较广。

2.6.5　控制装置

控制装置的作用是实现焊接电流、电极压力、夹紧力、顶锻力等工艺参数的调节与控制，保证焊接循环中各阶段工艺参数的动态波形相互匹配及时间控制。对要求严格控制焊接质量的焊机可实现工艺参数的自动控制和适量监控。控制装置的组成主要由以下几个部分。

1）程序转换定时器：实现电阻焊焊接循环中各程序段的时间调整。

2）相移控制器：用于焊接功率的均匀调节，即焊接电流的热量控制。

3）触发器：将触发脉冲耦合输出给断续器。

4）断续器：接通和切断主电源与电网的连接。单相断续器及触发器原理图如图 2-25 所示。

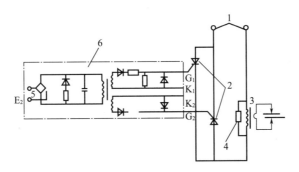

图 2-25　单相断续器及触发器原理图

1—单相电源；2—大功率晶闸管；3—阻焊变压器；4—并联电阻；5—触发信号输入；6—触发电路

2.6.6　电阻焊机使用常识

2.6.6.1　电阻焊机的使用条件

一般空气自然冷却的焊机，海拔高度不超过 1000m，周围空气最高温度不大于 40℃。通水冷却的焊机，进水口的水温不大于 30℃，冷却水的压力应能保证必需的流量，水质应符合工业用水标准。电网供电参数为 220V 或 380V。电压波动在 ±10% 内（当频率为额定值时）。频率波动不大于 ±2%（当电压为额定值时）。

2.6.6.2　电阻焊机的安装

1）电阻焊机应远离有激烈振动的设备，如大吨位冲床、空气压缩机等，以免引起控制设备工作失常。

2）气源压力要求稳定。压缩空气的压力不得低于 0.5MPa，必要时应在焊机近旁安置储气筒。

3）冷却水压力一般应不低于 0.15MPa，进水温度不高于 30℃。要求水质纯净，以减少造成漏电或引起管路堵塞。在有多台焊机工作的场地当水源压力太低或不稳定时，应设置专用冷却水循环系统。

4）在闪光对焊或点焊、缝焊有镀层的工件时，应有通风设备。

2.6.6.3　电阻焊机焊接参数的选择

使用与工件相同材料和厚度裁成的试件进行试焊。试验时通过调节焊接规范参数（电极压力、次级空载电压、通电时间、焊接速度、工件伸出长度、烧化量、顶锻量、烧化速度、顶锻速度、顶锻力等）以获得符合要求的焊接质量。

对一般工件的焊接，用试件焊接一定数量后，经目视检查应无过深的压痕、裂纹和过烧。再经撕破试验检查焊核直径合格且均匀即可正式焊接几个工件。经对产品的质量检验合格，焊机即可投入生产使用。

对航空和航天等要求严格的工件，当焊机安装、调试合格后，还应按照有关技术标准，焊接一定数量的试件经目测、金相分析、X射线检查、机械强度测量等试验，以评定焊机工作的可靠性。

 # 2.7 电阻焊质量控制及检验

现代电阻焊技术可以得到高质量焊接接头，大量地应用于工业生产的各行各业，但由于电阻焊过程中受众多因素的影响，导致出现各种各样的焊接缺陷，降低接头质量。因此必须对电阻焊产品的生产过程进行质量控制及检测，保证其在规定的使用期限内可靠地工作。

2.7.1 常见的电阻焊缺陷

(1) 点、缝焊接头的主要质量问题

焊件使用条件不同，所要求的焊接接头质量指标也不同，通常国内外将焊接接头分为三个等级，见表2-11。

表 2-11 焊接接头等级

接头等级	质 量 要 求
一级	承受很大的静、动载荷或交变载荷；接头的破坏会危及人员的生命安全
二级	承受很大的静、动载荷或交变载荷；接头的破坏会导致系统失效，但不危及人员的安全
三级	承受较小的静载荷或动载荷的一般接头

点焊接头首先应具有一定的强度，其强度主要取决于熔核尺寸、熔核和其周围热影响区的金属显微组织及缺陷情况。多数金属材料的点焊接头强度仅与熔核尺寸有关；只有可淬硬钢等对热循环敏感的材料，当工艺不当时，接头由于经历较大的冷却速度被强烈淬硬而使强度、塑性急剧降低，这时尽管熔核尺寸够大也是不能使用的。

缝焊接头的质量首先接头应具有良好的密封性，密封性主要与焊缝中存在某些缺陷（局部烧穿、裂纹等）及其在外界作用下（外力、腐蚀介质等）进一步扩展有关。点、缝焊接头存在的质量问题主要包括以下几方面。

1）熔核、焊缝尺寸缺陷。主要包括未焊透或者熔核尺寸小、焊透率过大以及重叠量不够等缺陷。

2）外部缺陷。主要包括焊点压痕过深、表面局部烧穿，溢出、表面喷溅、表面压痕形状及波形度不均匀、焊点表面径向及环形裂纹、表面发黑，包覆层破坏，边缘压溃、开裂以及焊点脱开等缺陷。

3）内部缺陷：主要包括裂纹、缩松、缩孔、气孔、核心偏移、板缝间有金属溢出、接头变脆以及宏观成分偏析等。

(2) 对焊接头的质量问题

对焊接头应具有一定的强度和塑性，尤其是塑性。一般电阻对焊的接头质量较差，力学性能较低，不能用于重要结构。而闪光对焊在适当的工艺条件下，可以获得几乎与母材等性能的优质接头。对焊接头的主要质量问题应包括以下几个方面。

1）几何形状缺陷。主要包括形状偏差、尺寸偏差以及表面烧伤等。

2）连续性缺陷。主要包括未焊透、层状撕裂、淬火裂纹、表面纵向及环形裂纹以及氧化物夹杂等。

3）组织缺陷。主要包括残留铸造组织和铸造缺陷、过热和过烧以及晶粒边界熔化等缺陷。

2.7.2　电阻焊接头检验方法

电阻焊接头的质量检验，分为破坏性检验和无损检验两类。

（1）破坏性检验

破坏性检验主要用于焊接参数调试、生产过程中的自检（操作人员自行检验）和抽验（检验人员按工艺文件规定的比例进行抽查检验）。破坏性检验实际上只能给以参考性的信息、由模拟而来的信息，因为实际工作的接头往往是未经检验的。但是由于该类检验方法简单和检验结果的直观性，在实际生产中仍然获得了广泛使用。

1）撕破检验　用简单工具在现场对点、缝焊工艺试片进行剥离、旋铰、扭转和压缩（图 2-26）等，可获得焊点直径、焊缝宽度、强度等大致定量概念，但不能得到较准确的性能数值。有时在断口上能观察到气孔、内喷溅等缺陷。

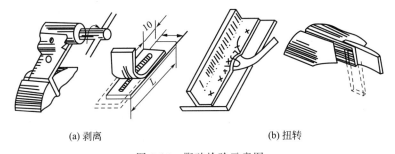

(a) 剥离　　　　　　　　　　　(b) 扭转

图 2-26　撕破检验示意图

2）低倍检验　对点、缝焊工艺试片作低倍磨片腐蚀后，在 10～20 倍读数放大镜下观察、计算可获得有关熔核直径、焊缝宽度、焊透率和重叠量等准确数值。同时，也能观察到气孔、缩孔、喷溅和内部裂纹等缺陷。低倍检验在铝合金等重要结构的点、缝焊接头的现场试验中具有重要地位。

3）金相检验　对点、缝焊接头均可采用，目的是了解接头各部分金属组织变化情况，以及观察裂纹、未焊透、气孔和夹杂等几乎所有内部缺陷情况，以便为改进工艺和制定焊后热处理规范提供依据。

4）断口分析　基本同金相检验，多采用扫描电子显微镜。

5）力学性能试验　用以鉴定电阻焊接头的强度、塑性和韧性等是否满足相应的力学性能指标要求。

（2）无损检验

对电阻焊接头进行无损检验可有两类方法：其一是目视检验、密封性检验以及施加规定载荷下的接头强度检验等；其二是一些物理检验方法，即 X 射线检验、超声波检验、涡流检验和磁粉检验等。

1）目视检验　用观察（使用不大于 20 倍的放大镜）和实测法检查几何形状上的缺陷，以及可观察到外部裂纹、表面烧伤、烧穿、喷溅和边缘胀裂等缺陷。

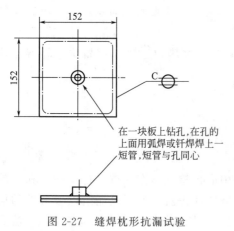

图 2-27　缝焊枕形抗漏试验

（在一块板上钻孔，在孔的上面用弧焊或钎焊焊上一短管，短管与孔同心）

2）密封性检验　主要用于气密、油密和水密的缝焊接头。通常可用气压法（0.1～0.2MPa）枕形试件（图 2-27）或结构本身在水中进行，也可用液压法、氨气指示法、氨质谱法及卤素检漏法等。其中氨质谱法精度最高，可查出 $2.4 \times 10^{-4} \text{mm}^3/\text{h}$ 最小泄漏容积。

3）施加规定载荷下的接头强度检验　这种检验方法是根据产品要求、生产特点和条件而确定的。例如，闪光对焊汽车轮辋后，需要用扩胀机作扩口试验，这既检验了接头质量，又代替了整形工序，一举两得。

4）X 射线检验　接头内部缩孔、气孔、裂纹和板间缝隙内的喷溅（点、缝焊）可在 X 射线透视时发现。同时对有区域偏析的焊点，可以检测出熔核尺寸和未焊透缺陷。

5）超声波检验　超声波探伤检验能够确定完全未焊透（当零件之间有间隙时）、气孔、缩孔和裂纹。但对"粘着"（未焊透一种）却有困难，这主要因为形成"粘着"的氧化膜厚度较超声波探伤仪所能检测的尺寸小得多。

6）涡流检验　涡流探伤检验可以确定熔核尺寸及未焊透缺陷，其原理是利用熔核直径的大小与焊接区导电性之间已确定的关系来进行比较。

7）磁粉检验　用于检测铁磁性材料的表面或近表面的缺陷，其原理是铁磁性材料工作被磁化后，由于不连续性的存在，使工件表面和近表面的磁力线发生局部畸变而产生漏磁场，吸附施加在工件表面的磁粉，在合适的光照下形成目视可见的磁痕，从而显示出不连续性的位置、大小、形状和严重程度。

2.8　电阻焊应用实例

随着航空航天、电子、汽车、家用电器等工业的发展，电阻焊越加受到广泛的重视。电阻焊越来越多地被应用到工业生产的各个领域。

2.8.1　电阻焊在汽车工业中的应用

电阻焊作为一种高效、廉价且机械化和自动化程度较高的连接技术，在汽车工业中得到了广泛的应用。无论是在汽车车身组装中，还是汽车零部件的生产中，电阻焊工艺都占据了相当重要且相当数量比例的地位。轿车车身结构和自动焊装生产线示意图见图 2-28。

汽车零部件的生产中，也广泛地采用点焊、凸焊、缝焊、对焊等多种电阻焊工艺，具体的应用实例如下。

（1）点焊、凸焊实例

汽车传动轴平衡块采用在平衡试验机上在线凸焊形式，如图 2-29 所示。由于在线焊接，其特殊要求是：焊接中心要能随平衡试验机的中心浮动，以消除焊接加压对试验机的影响。平衡块一般为 1～2mm 厚。

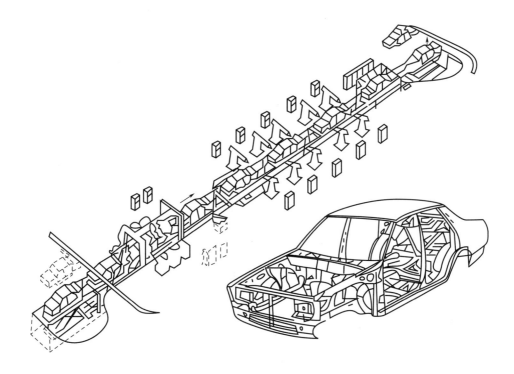

图 2-28　轿车车身结构和自动焊装生产线示意图

　　汽车制动蹄焊接通常采用滚凸焊方法，如图 2-30 所示。焊接所用的设备为专用滚凸焊机，此焊机不仅有焊接功能，还需有滚压功能。焊接时，滚轮电极压紧工件，当电极和工件连续旋转到有凸点的位置时，通以焊接电流脉冲，完成焊接。

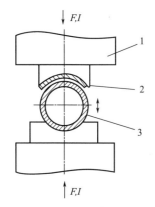

图 2-29　汽车传动轴平衡块凸焊
1—凸焊电极；2—平衡块；3—传动轴

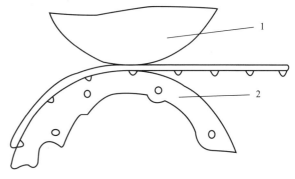

图 2-30　汽车制动蹄滚凸焊
1—电极；2—汽车制动蹄

（2）缝焊的应用
　　汽车减振器制造中用到点焊、凸焊和缝焊多种电阻焊工艺，其中最为典型的是筒式储油缸上、下帽的缝焊。储油缸封口的缝焊一般采用专用的双焊轮缝焊机焊接，焊机功率一般为 125～160kW，焊接速度为 0.5～2.5m/min。

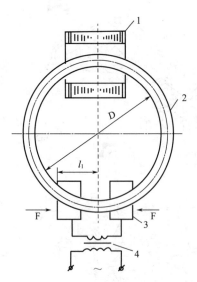

图 2-31　汽车轮圈连续闪光对焊
1—可拆卸环形铁心；2—轮圈；
3—电极；4—焊接变压器

(3) 对焊的应用

汽车轮圈大多采用连续闪光对焊方法，焊机钳口形状通常与所焊的轮圈断面形状相吻合，见图 2-31。由于汽车轮圈截面很大，一般为 1350~1700mm² 且轮圈为直径 500mm 左右的环形件，对焊时存在较大的分流，故所用焊机功率一般要求为 400~750kW。

2.8.2　电阻焊在石油化工行业中的应用

在石油化工行业中，石油、天然气以及石化企业生产中化工物料的输送都通过管道来完成，因为化工行业对管道用钢管的要求非常严格，早期管道用钢管主要采用无缝钢管。随着钢铁冶炼及焊管技术的发展，电阻焊直缝钢管的质量也不断提高，由于在制造成本方面存在较大优势，在许多发达国家的石油化工行业中得到了大量的应用，以替代高成本的无缝钢管。近年来，虽然高频电阻焊管在我国石油、天然气管道方面的应用逐渐增多，但是高频电阻焊钢管的焊接缺陷及质量检验方面依然存在一些问题，仍有待进一步的研究，这也在很大程度上影响了电阻焊管的推广和应用，这也是目前国内焊管行业亟待研究解决的问题。

2.8.3　电阻焊在其他行业中的应用

电阻焊在家电制造行业也有着广泛的应用，因适合薄钢板的焊接，且接头质量高，在冰箱、空调、洗衣机外壳的制造中得到了广泛的应用。此外，电阻焊也可用于镍-镉或者镍-金属氢化物电池组的组装。电池组装时，可通过电阻点焊将镍带焊接到电池电极上，由于点焊时间很短，因而可以防止电池在连接过程中产生过热，而传统的锡焊却很容易产生过热现象。在医学领域，牙医也会用小型电阻焊来进行金属臼齿的尺寸修复。此外，电阻焊在飞机机身的制造、食品工业中食品包装罐的制造中都有着广泛的应用。

思　考　题

1. 电阻焊的主要分类及其各自的特点有哪些？
2. 电阻焊的焊接循环主要工艺参数有哪些？
3. 什么是点焊？点焊的工艺特点有哪些？
4. 什么是凸焊？凸焊与点焊的异同点是什么？
5. 什么是缝焊？缝焊的工艺特点有哪些？
6. 什么是对焊？对焊的主要应用范围是什么？
7. 常用的电阻焊焊点强度破坏性检验方法有哪些？
8. 常用的电阻焊焊点强度非破坏性检验方法有哪些？
9. 举例说明电阻焊的应用。
10. 电阻焊设备的组成及其各部分的作用是什么？

第3章

摩擦焊

摩擦焊（friction welding）是在轴向压力和转矩作用下，利用焊件相对摩擦运动产生的热量来实现材料可靠连接的一种焊接方法。其焊接过程是在压力的作用下，相对运动的待焊材料之间产生摩擦，使界面及其附近温度升高并达到热塑性状态。随着顶锻力的作用界面氧化膜破碎，材料发生塑性变形与流动，通过两侧材料界面元素间的相互扩散和再结晶冶金反应形成焊接接头。

早在 1956 年就发明了摩擦焊，随着现代工业的发展，新材料的大量出现，摩擦焊得到了前所未有的关注。特别是近年来不断开发出摩擦焊的新技术，如超塑性摩擦焊、线性摩擦焊、搅拌摩擦焊等，使其在航空、航天、核能、海洋开发等高新技术领域及电力、机械制造、汽车制造等产业部门得到广泛应用。

3.1 摩擦焊的原理及分类

3.1.1 摩擦焊的分类

摩擦焊主要根据焊件的相对运动和工艺特点进行分类，主要方法如图 3-1 所示。在实际生产过程中，连续驱动摩擦焊、相位控制摩擦焊、惯性摩擦焊和搅拌摩擦焊应用较为广泛。

通常所说的摩擦焊主要是指连续驱动摩擦焊、相位控制摩擦焊、惯性摩擦焊和轨道摩擦焊，又称为传统摩擦焊。它们共同的特点是靠两个待焊件之间相对摩擦运动产生的热量产生热能。而搅拌摩擦焊、嵌入摩擦焊、第三体摩擦焊和摩擦堆焊，是靠搅拌头与待焊件之间相对摩擦运动产生的热量实现焊接。

3.1.2 摩擦焊的原理

（1）连续驱动摩擦焊

普通型连续驱动摩擦焊机结构如图 3-2 所示，连续驱动摩擦焊原理如图 3-3 所示。两个

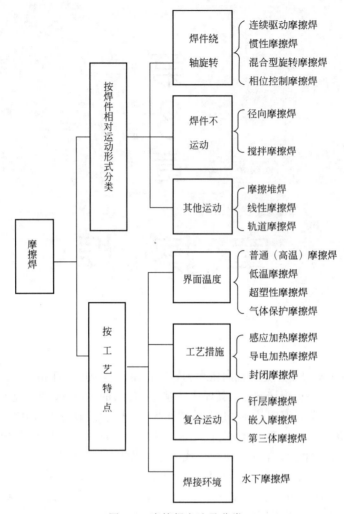

图 3-1 摩擦焊方法及分类

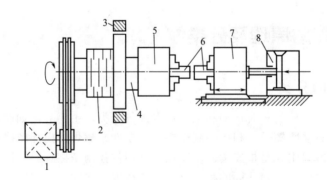

图 3-2 普通型连续驱动摩擦焊机
1—主轴电动机；2—离合器；3—制动器；4—主轴；5—旋转夹头；
6—工件；7—移动夹头；8—轴向加压顶锻液压缸

工件分别夹持在旋转夹头和移动夹头上，离合器合拢后，主轴、旋转夹头和工件由带轮带动开始旋转，当主轴达到一定转速时，轴向加压顶锻液压缸推动移动夹头使两工件接触。在摩擦压力的作用下被焊界面相互接触，通过相对运动进行摩擦，使机械能转变为热能，界面形

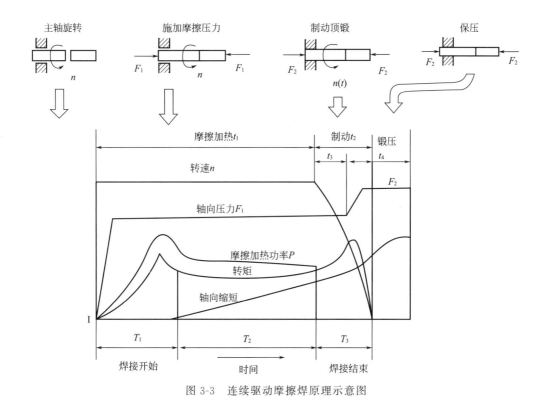

图 3-3　连续驱动摩擦焊原理示意图

成塑性氧化层，加热一段时间后，离合器脱开，制动器制动，旋转夹头和工件停止转动，与此同时，轴向加压顶锻液压缸加大进油量，迅速施加一顶锻压力，在顶锻力的作用下形成可靠接头，旋转夹头和移动夹头松开工件，移动夹头退回原位，一个焊接周期结束。

（2）惯性驱动摩擦焊

图 3-4 为惯性摩擦焊机示意图，图 3-5 是惯性驱动摩擦焊原理示意图。惯性摩擦焊机工作时，工件的旋转端被夹持在飞轮里，焊接过程开始时，首先将飞轮和工件的旋转端加速到一定的转速，停止驱动，然后飞轮与主电机脱开，工件和飞轮自由旋转，工件的移动端向前移动，然后使两工件接触并施加一定的轴向压力，工件接触后开始摩擦加热。通过摩擦使飞轮的动能转换为摩擦界面的热能，飞轮转速逐渐降低，当转速降为零时，焊接过程结束。这种方法在焊接大截面焊件时可以降低主轴电机的功率。惯性摩擦焊实心飞轮储存的能量 A 与飞轮的转动惯量 J 和飞轮转动的角速度 ω 的关系为

$$A = J\omega^2/2 \tag{3-1}$$

$$J = GR^2/(2g) \tag{3-2}$$

式中　G——飞轮重力；

　　　R——飞轮半径；

　　　g——重力加速度。

惯性摩擦焊的主要特点是恒压、变速，它将连续驱动摩擦焊的加热和顶锻结合在一起。在实际生产中可通过更换飞轮或者不同尺寸飞轮的组合来改变飞轮的转动惯量，从而改变加热功率，进而改变焊接能量和焊接能力。惯性摩擦焊的优点是工艺控制参数少、热输入小、变形小、焊缝窄，质量高；缺点在于设备昂贵，工装的设计较复杂，仅限于焊接旋转体的零件。惯性摩擦焊作为一种先进的焊接工艺，已成为先进航空发动机的压气机转子及涡轮部件

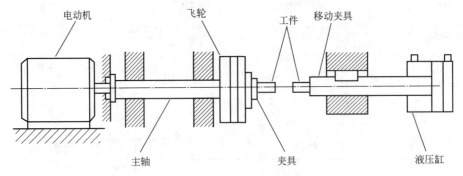

图 3-4 惯性摩擦焊机示意图

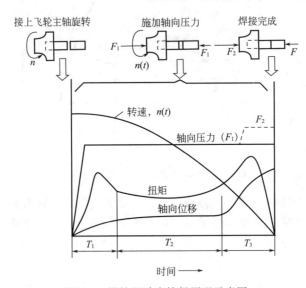

图 3-5 惯性驱动摩擦焊原理示意图

的主要焊接工艺。

(3) 相位摩擦焊

相位摩擦焊是一种在摩擦焊接过程中可以准确地使两个工件之间保持一定相位关系的特殊旋转摩擦焊。主要用于相对位置有要求的圆形或近圆形的工件，如六方钢、八方钢、汽车操纵杆等，要求工件焊后棱边对齐、方向对正或相位满足要求。在实际应用中，主要有机械同步相位摩擦焊，插销配合摩擦焊和同步驱动摩擦焊。

1）机械同步相位摩擦焊 如图 3-6 所示。焊接前压紧矫正凸轮，调整两工件的相位并夹持工件，将静止主轴制动后松开并调整凸轮，然后开始进行摩擦焊接。焊接结束后，切断电源并对驱动主轴制动，在主轴接近停止转动前松开制动器，此时立即压紧矫正凸轮，工件间的相位得到保证，然后进行顶锻。

2）插销配合摩擦焊 如图 3-7 所示。相位确定机构由插销、插销孔和控制系统组成。插销位于尾座主轴上，尾座主轴可以自由转动，在摩擦加热过程中制动器 B 可以将其固定。加热过程结束时，使主轴制动，当计算机检测到主轴进入最后一转时，给出信号，使插销进入插销孔，与此同时，松开尾座主轴的制动器 B，使尾座主轴和主轴一起转动，这样，既可以保证相位，又可以防止插销进入插销孔时引起的冲击。

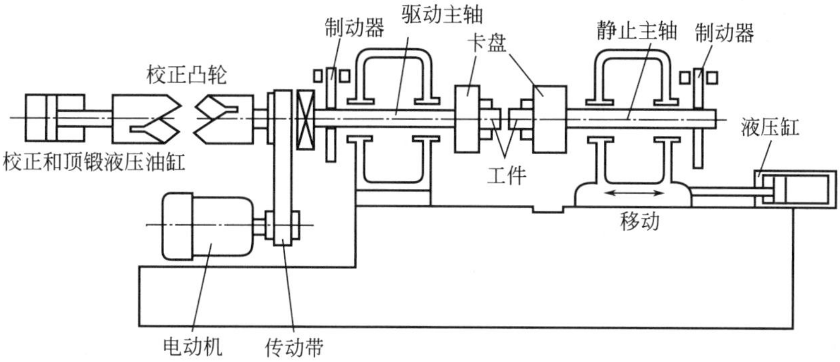

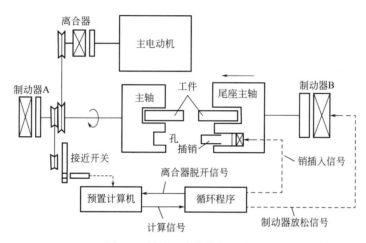

图 3-6　机械同步相位摩擦焊示意图

图 3-7　插销配合摩擦焊示意图

3）同步驱动摩擦焊　如图 3-8 所示，采用电机驱动，为了保证工件两端旋转时相位关系，两主轴通过齿轮、同步连杆和花键作同步旋转，在整个焊接过程保持工件的相位关系不变。

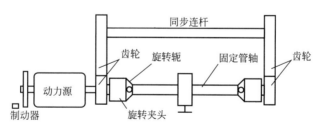

图 3-8　同步驱动摩擦焊示意图

（4）径向摩擦焊

径向摩擦焊的原理如图 3-9 所示。待焊的管子 2 开有坡口，管内套有芯棒，然后装上带有斜面的旋转环 1，焊接时圆环旋转并向两个管子施加径向的摩擦压力 P。当摩擦加热过程结束时候，圆环停止旋转，并向圆环施加顶锻压力 P_0。由于被焊接的管子本身不转动，管子内不会产生飞边，全部焊接过程大约需要 10s，因此主要用于管子的现场装配焊接。

径向摩擦焊接的另一种应用是将一个圆环或薄壁套管焊接到轴类或管类焊件上。在兵器行业中，采用该项技术实现了薄壁纯铜弹带与钢弹体的连接，改造了传统的弹带装配及加工工艺。

（5）摩擦堆焊

摩擦堆焊的原理如图 3-10 所示。堆焊时堆焊金属棒 1 以高速 n_1 旋转，堆焊件（母材）也同时以转速 n_2 旋转，在压力 P 的作用下圆棒与母材摩擦生热。由于待堆焊的母材体积大，导热性好，冷却速度快，使堆焊金属过渡到母材上，当母材相对于堆焊金属圆棒转动或移动时形成堆焊焊缝。摩擦焊焊缝金属具有高的晶格畸变程度，晶粒细化，强韧性能好，可以形成几乎不被稀释的冶金结合的堆焊层，热影响区很窄，故摩擦焊工艺适于进行表面堆焊。

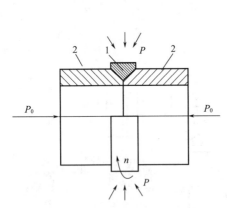

图 3-9　径向摩擦焊示意图

1—旋转圆环；2—待焊管子；n—圆环转速；

P_0—轴向顶锻压力；P—径向压力

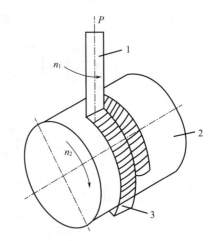

图 3-10　摩擦堆焊示意图

1—堆焊金属圆棒；2—堆焊件；3—堆焊焊缝

（6）线性摩擦焊

线性摩擦焊的原理如图 3-11 所示。待焊的两个工件一个固定，另一个以一定的速度作往复运动或两个工件作相对往复运动，在压力 F 的作用下，两工件的界面摩擦产生热量，从而实现焊接。该方法的主要优点是不管工件是否对称，只要待焊接面相互接触，均可进行焊接，还具有加工效率高，材料损耗小，焊接质量高的特点。近年来，线性摩擦焊的研究较多，主要用于飞机发动机涡轮盘与叶片的焊接，大型塑料管道的现场焊接安装。潜在的应用领域包括齿轮、涡轮、导电板，也可用来焊接大部件的塑料部件，如汽车减震器、货车罩、底板以及塑料和金属的复合焊件等。

（7）搅拌摩擦焊

搅拌摩擦焊（friction stir welding，简称 FSW）是英国焊接研究所（The Welding Institute，简称 TWI）于 1991 年发明的一种用于低熔点合金板材焊接的固态连接技术，可以完成铝、铜等材料的对接、搭接、T 形接头的焊接。它的出现使铝合金等有色金属的连接技术产生了革命性的进步，目前已在航空、航天、船舶、高速列车等的轻型结构上得到成功的应用并正在不断扩大其应用范围。

搅拌摩擦焊的工作原理如图 3-12 所示。搅拌摩擦焊使用的搅拌头一般由搅拌针、轴肩和夹持轴组成。将一个耐高温硬质材料制成的一定形状的搅拌针旋转着插入到两被焊材料的接缝处，搅拌头高速旋转，在两焊件连接边缘处产生大量的摩擦热，从而在连接处产生金属塑性软化区，该塑性软化区在搅拌头的作用下受到搅拌、挤压，并随着搅拌头的旋转沿着焊缝向后流动，形成塑性金属流，在搅拌头离开后的冷却过程中，受到挤压而形成固相焊接接头。

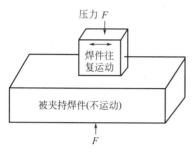

图 3-11 线性摩擦焊示意图

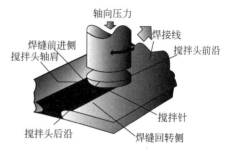

图 3-12 搅拌摩擦焊示意图

3.2 摩擦焊接过程分析

以连续驱动摩擦焊为例进行摩擦焊接过程的分析。连续驱动摩擦焊接时，通常将待焊工件两端分别放在旋转夹具和移动夹具内，工件被夹紧后，位于滑台上的移动夹具随滑台一起向旋转端移动，移动至一定距离后，旋转端工件开始旋转，工件接触后开始摩擦加热。此后，则可进行不同的控制，如时间控制或摩擦缩短量（又称摩擦变形量）控制。当达到设定值时，旋转夹具松开，滑台后退，当滑台退到原位置时，移动夹具松开，取出工件，焊接过程结束。

对于直径为 16mm 的 45 钢，在 2000r/min 转速、8.6MPa 摩擦压力、0.7s 摩擦时间和 161MPa 的顶锻压力下，整个摩擦焊接过程如图 3-13 所示。从图中可以看出，摩擦焊接过程的一个周期可分成摩擦加热过程和顶锻焊接过程两个部分。摩擦加热过程又可以分为初始摩擦、不稳定摩擦、稳定摩擦和停车四个阶段，顶锻焊接过程则可以分为纯顶锻和顶锻维持两个阶段。

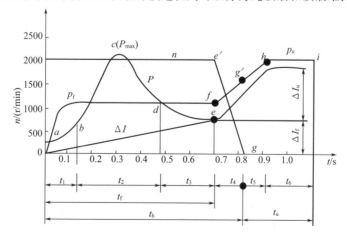

图 3-13 摩擦焊接过程示意图

n—工件转速；p_f—摩擦压力；p_u—顶锻压力；ΔI_f—摩擦变形量；ΔI_u—顶锻变形量；P—加热功率；

P_{max}—摩擦加热功率峰值；t—时间；t_f—摩擦时间；t_h—实际摩擦加热时间；t_u—实际顶锻时间

(1) 摩擦加热过程

① 初始摩擦阶段（t_1）　此阶段从两个工件开始接触的 a 点起，到摩擦加热功率显著增大的 b 点止。摩擦开始时，由于待焊工件表面凹凸不平，加上存在氧化膜、锈、油污、灰尘以及吸附气体等杂质等，使得初始摩擦阶段的摩擦系数很大。随着摩擦压力的逐渐增大，摩擦加热功率也慢慢增加，最后摩擦焊接界面温度将升到 $200 \sim 300℃$ 附近。

在初始摩擦阶段，由于两个待焊工件表面互相作用着较大的摩擦压力和具有很高的相对运动速度，使凹凸不平的表面迅速产生塑性变形和机械挖掘现象。塑性变形破坏了界面的金属晶粒，形成一个晶粒细小的变形层，变形层附近的母材也沿着摩擦方向产生塑性变形。金属互相压入部分的挖掘，使摩擦界面出现同心圆痕迹，这样又增大了塑性变形。因摩擦表面不平，接触不连续，以及温度升高等原因，使摩擦表面产生振动，此时空气可能进入摩擦表面，使高温下的金属氧化，但由于 t_1 时间很短，摩擦表面的塑性变形和机械挖掘又可以破坏氧化膜，因此对接头质量的影响不大。当焊件断面为实心圆时，其中心的旋转速度为零，外缘旋转速度最大，此时焊接表面金属处于弹性接触状态，温度沿径向分布不均匀，摩擦压力在焊接表面上呈双曲线分布，中心压力最大，外缘最小。在压力和速度的综合影响下，摩擦表面的加热往往从距圆心半径 2/3 左右的地方首先开始。

② 不稳定摩擦阶段（t_2）　不稳定摩擦阶段是摩擦加热过程的一个主要阶段。该阶段从摩擦加热功率显著增大的 b 点起，越过功率峰值 c 点，到功率稳定的 d 点为止。由于摩擦压力较初始摩擦阶段增大，相对摩擦破坏了金属表面，使纯净的金属直接接触。随着摩擦焊接表面的温度升高，金属的强度有所下降，而塑性和韧性却有很大的提高，增大了摩擦焊接表面的实际接触面积。这些因素都使材料的摩擦系数增大，摩擦加热功率提高。当摩擦焊接表面的温度继续升高时，金属的塑性增强，强度和韧性下降，摩擦加热功率也迅速降低到稳定值 d 点。因此摩擦焊接的加热功率和摩擦扭矩都在 c 点呈现出最大值。在 45 钢的不稳定摩擦阶段，待焊表面的温度由 $200 \sim 300℃$ 升高到 $1200 \sim 1300℃$，而功率峰值出现在 $600 \sim 700℃$ 附近。这时摩擦表面的机械挖掘现象减少，振动降低，表面逐渐平整，开始产生金属的粘结现象。高温塑性状态的局部金属表面互相焊合后，又被工件旋转的扭力矩剪断，并彼此过渡。随着摩擦过程的进行，接触良好的塑性金属封闭了整个摩擦面，使之与空气隔开。

③ 稳定摩擦阶段（t_3）　稳定摩擦阶段是摩擦加热过程的主要阶段，其范围从摩擦加热功率稳定值的 d 点起，到接头形成最佳温度分布的 e 点为止，这里的 e 点也是焊接主轴开始停车的时间点（可称为 e' 点），也是顶锻压力开始上升的点（图 3-13 的 f 点）以及顶锻变形量的开始点。在稳定摩擦阶段中，工件摩擦表面的温度继续升高，并达到 $1300℃$ 附近。这时金属的粘结现象减少，分子作用现象增强。稳定摩擦阶段的金属强度极低，塑性很大，摩擦系数小，摩擦加热功率也基本稳定在一个很低的数值。此外，其他连接参数的变化也趋于稳定，只有摩擦变形量不断增大，变形层金属在摩擦扭矩的轴向压力作用下，从摩擦表面挤出形成飞边，同时，界面附近的高温金属不断补充，始终处于动态平衡状态，只是接头的飞边不断增大，接头的热影响区变宽。

④ 停车阶段（t_4）　停车阶段是摩擦加热过程到顶锻过程的过渡阶段，是从主轴和工件一起停车减速的 e' 点起，到主轴停止转动的 g 点止。从图 3-13 可知，实际的摩擦加热时间从 a 点开始，到 g 点结束，即 $t_h = t_1 + t_2 + t_3 + t_4$。尽管顶锻压力从 f 点施加，但由于工件并未完全停止旋转，所以 g' 点以前的压力实质上还是属于摩擦压力。顶锻开始后，随着轴向压力的增大，转速降低，摩擦扭矩增大，并再次出现峰值，此峰值称为后峰值扭矩。同

时，在顶锻力的作用下，接头中的高温金属被大量挤出，工件的变形量增大。因此，停车阶段是摩擦焊接的重要过程，直接影响接头的焊接质量，要严格控制。

（2）顶锻焊接过程

① 纯顶锻阶段（t_5）　从主轴停止旋转的 g（或 g'）点起，到顶锻压力上升到最大位的 h 点止。在这个阶段中，应施加足够大的顶锻压力，精确控制顶锻变形量和顶锻速度，以保证获得良好焊接质量的焊接接头。

② 顶锻维持阶段（t_6）该阶段从顶锻压力的最高点 h 点起，到接头温度冷却到规定值为止。在实际焊接控制和自动摩擦焊机的程序设计时，应精密控制该阶段的时间 t_u（$t_u = t_5 + t_6$）。在顶锻维持阶段，顶锻时间、顶锻压力和顶锻速度应相互配合，以获得合适的摩擦变形量 ΔI_f 和顶锻变形量 ΔI_u。在实际计算时，摩擦变形速度一般采用平均摩擦变形速度（$\Delta I_f / t_f$），顶锻变形速度也采用其平均值 $[\Delta I_u / (t_u)]$。

总之，在整个摩擦焊接过程中，待焊的金属表面经历了从低温到高温摩擦加热，连续发生了塑性变形、机械挖掘、粘接和分子连接的过程变化，形成了一个存在于全过程的高速摩擦塑性变形层，摩擦焊接时的产热、变形和扩散现象都集中在变形层中。在停车阶段和顶锻焊接过程中，摩擦表面的变形层和高温区金属部分被挤碎排出，焊缝金属经受锻造，产生变形、扩散以及再结晶，最终形成质量良好的焊接接头。

3.3　摩擦焊工艺

3.3.1　摩擦焊接工艺特点

1）焊接时间短，生产效率高。例如发动机排气门双头自动摩擦焊机的生产率可达 $800 \sim 1200$ 件/h。对于外径 $\varphi 127mm$、内径 $\varphi 95mm$ 的石油钻杆与接头的焊接，连续驱动摩擦焊仅需要十几秒。

2）因焊接热循环引起的焊接变形小，焊后尺寸精度高，不用焊后校形和消除应力。用摩擦焊生产的柴油发动机预燃烧室，全长误差为 $\pm 0.1mm$；专用焊机可保证焊后的长度误差为 $\pm 0.2mm$，偏心度为 $0.2mm$。

3）机械化、自动化程度高，焊接质量稳定。当给定焊接条件后，操作简单，不需要特殊的专业焊接技术人员。

4）适合各类异种材料的焊接，对常规熔化焊不能焊接的铝-钢、铝-铜、钛-铜、金属间化合物-钢等都可以进行焊接。

5）可以实现同直径、不同直径棒材和管材的焊接。

6）焊接时不产生烟雾、弧光、有害气体等，不污染环境。同时，与闪光焊相比，电能节约 $5 \sim 10$ 倍。

但是，摩擦焊也具有如下的缺点和局限性。

1）对非圆形截面焊接较困难，所需设备复杂；对盘状薄零件和薄壁管件，因不易夹固，施焊比较困难。

2）对形状及组装位置已经确定的构件，很难实现摩擦焊接。

3）摩擦焊接头容易产生飞边，必须焊后进行机械加工。

4）夹紧部位易产生划伤或夹持痕迹。

3.3.2 摩擦焊接头形式设计

连续驱动摩擦焊可以实现棒材-棒材、棒材-管材、管材-管材、棒材-板材、管材-板材的可靠连接。结合面形状对获得高质量的焊接接头十分重要。图 3-14 给出了常用的接头形式。图 3-14（a）的接头形式具有相同形状的结合面，如果是同种材料，两者的产热和散热均相同，可以获得较宽的焊接参数和可靠性较高的焊接接头。如果是异种材料连接，因材料的物理性能不同，产热及散热不一样，温度场不对称，需要在寻找合适的焊接参数和质量控制上下功夫。在实际生产过程中，图 3-14（b）的接头形式较多，两个待焊件的直径不同，此时需要将直径大的材料焊前加工出凸台，使结合部位的形状相同。为了节省焊前加工的生产成本，可以采用图 3-14（c）的接头形式直接进行焊接，但应保持使大直径的结合面不产生倾斜；同时，增大摩擦压力，使工件在短时间内停止相对运动，要求设备有良好的刚性。薄板和棒材的摩擦焊接头形式如图 3-14（d）所示，对设备的同心度要求较高。如果是异种材料连接，高温强度好的母材应采用较小的直径。图 3-14（e）是具有一定斜度的接头形式，主要用于机械设备中齿轮的摩擦焊接。图 3-14（f）的接头形式允许有一定的飞边存在，主要用于柴油机燃烧室喷嘴、推土机下部动轮的制造。

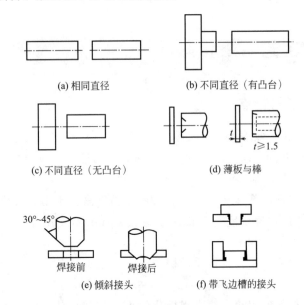

图 3-14 连续驱动摩擦焊接头的基本形式

连续驱动摩擦焊接头形式在设计时主要遵循以下原则。

1）在旋转式摩擦焊的两个工件中，至少要有一个工件具有回转断面。

2）焊接工件应具有较大的刚度，夹紧方便、牢固，要尽量避免采用薄管和薄板接头。

3）同种材料的两个焊件，截面尺寸应尽量相同，以保证焊接温度分布均匀和变形层厚度相同。

4）一般情况下，倾斜接头应与中心线呈 $30°\sim45°$ 的斜面。

5）对锻压温度或者热导率相差较大的异种材料进行焊接时，为了使两个零件的顶锻相对平衡，应调整界面的相对尺寸；为了防止高温下强度低的工件断面金属产生过多的变形流失，需采用模子封闭接头金属。

6）为了增大焊缝面积，可以把焊缝设计成搭接或者锥形接头。

7）焊接大断面接头时，为了降低加热功率峰值，可以采用将焊接端面倒角的方法，使摩擦面积逐渐增大。

8）对于棒-棒和棒-板接头，当中心部位材料被挤出形成飞边时，要消耗更多的能量，而焊缝中心部位对扭矩和弯曲应力的承担又很少，所以如果工件条件允许，可以将一个或两个零件中心加工出孔洞，这样既可以用较小功率的焊机，又可以提高生产率。

9）待焊工件表面应避免渗碳、渗氮等。

10）设计接头形式的同时，还应注意焊件长度、直径公差、焊件端面的垂直度、不平整度和表面粗糙度。

11）如果要限制飞边流出（如不能切除飞边或不允许飞边暴露时），应预留飞边槽。

12）采用中心部位凸起的接头形式，可以有效地避免中心未焊合。

3.3.3　摩擦焊接参数

（1）连续驱动摩擦焊

连续驱动摩擦焊的主要参数有转速、摩擦压力、摩擦时间、摩擦变形量、停车时间、顶锻压力、顶锻时间、顶锻变形量，其中摩擦变形量和顶锻变形量（总和为缩短量）是其他参数的综合反应。

1）转速与摩擦压力　转速和摩擦压力直接影响摩擦扭矩、摩擦加热功率、接头温度场、塑性层厚度及摩擦变形速度等。转速和摩擦压力的选择范围很宽，它们不同的组合可得到不同的规范，常用的组合有强规范和弱规范。强规范时转速较低，摩擦压力较大，摩擦时间短；弱规范时转速较高，摩擦压力较小，摩擦时间长。

2）摩擦时间　摩擦时间影响接头的加热温度、温度场和质量。如果时间短，则界面加热不充分，接头温度和温度场不能满足焊接要求；如果时间长则消耗能量多，热影响区大，高温区金属易过热，变形大，飞边也大，消耗的材料多。碳钢工件的摩擦时间一般在 1～40s 范围内。

3）摩擦变形量　摩擦变形量与转速、摩擦压力、摩擦时间、材质的状态和变形抗力有关。要得到良好的焊接接头，必须有一定的摩擦变形量，通常选取的范围为 1～10mm。

4）停车时间　停车时间是转速由给定值下降到零时所对应的时间，直接影响接头变形层厚度和焊接质量。当变形层较厚时，停车时间要短；当变形层较薄且希望在停车阶段增加变形层厚度时，可以增加停车时间。

5）顶锻压力、顶锻变形量和顶锻速度　顶锻压力的作用是挤出摩擦塑性变形层中的氧化物和其他有害杂质，并使焊缝得到锻压，结合牢靠，晶粒细化。顶锻压力的选择与材质、变形层厚度、接头温度以及摩擦压力有关。材料的高温强度高时，顶锻压力要大；温度高、变形层厚度小时，顶锻压力要小（较小的顶锻压力就可以得到所需的顶锻变形量）；摩擦压力大时，相应的顶锻压力要小一些。顶锻变形量是顶锻压力作用结果的具体反应，一般选择 1～6mm。顶锻速度对焊接质量影响很大，如顶锻速度慢，则不易达到要求的顶锻变形量，一般为 10～40mm/min。

（2）惯性摩擦焊

惯性摩擦焊在参数选取上与连续驱动摩擦焊有所不同，主要的参数有起始转速、转动惯量和轴向压力。

1）起始转速　对每一种材料组合都有与之相对应的获得最佳焊缝的起始转速。起始转速具体反映在工件的线速度上，对钢-钢焊件，推荐的速度范围为 152～456m/min。低速（＜91m/min）焊接时，中心加热偏低，飞边粗大不齐，焊缝呈漏斗状；中速（91～273m/min）焊接时，焊缝深度逐渐增加，边界逐渐均匀；高速（274～364m/min）焊接时，焊缝边界均匀；如果焊接起始转速大于 360m/min 时，焊缝中心宽度会大于其他部位。

2）转动惯量　飞轮转动惯量和起始转速均影响焊接能量。在焊接能量相同的情况下，大而转速低的飞轮产生顶锻变形量较小，而转速快的飞轮产生较大的顶锻变形量。

3）轴向压力　轴向压力对焊缝深度和形貌的影响几乎与起始转速的影响相反。轴向压力过大时，飞边量增大。

（3）焊接参数对接头质量的影响

以低碳钢的连续驱动摩擦焊为例，介绍摩擦焊接参数对接头质量的影响。

1）转速和摩擦压力　在摩擦焊接参数中，转速和摩擦压力是最主要的焊接参数。当工件直径一定时，转速代表摩擦速度。一般将达到焊接温度时的转速称为临界摩擦速度，为了使界面变形层加热到金属材料的焊接温度，转速必须高于临界摩擦速度。一般来讲，低碳钢的临界摩擦速度为 0.3m/s 左右，平均摩擦速度的范围为 0.6～3m/s。

在稳定摩擦阶段，转速对焊接表面的摩擦变形层厚度及深塑区位置的影响如图 3-15 所示。当转速为 1000r/min 时，由于外圆的摩擦速度大，外侧金属的温度升高，此时，摩擦表面的温度比高速摩擦时低，摩擦扭矩和摩擦变形速度增大，并移向外圆，因此外圆的变形层厚度比中心要大，这时变形层金属非常容易流出摩擦表面之外，形成不对称的肥大飞边 [如图 3-15（a）所示]。这种接头的温度分布梯度大，变形层金属容易被大量挤出，焊缝金属迅速更新，能有效防止氧化。

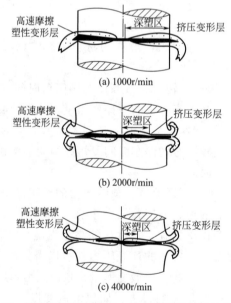

图 3-15　转速与变形层厚度、深塑区位置和飞边的关系

当转速升高时，摩擦表面温度升高，摩擦扭矩和摩擦变形速度小，深塑区移向圆心，这时变形层中的高温黏滞金属，在摩擦压力和摩擦扭矩的作用下向外流动时，受到较大的阻

碍，形成了对称的小薄翅状飞边［如图 3-15（c）所示］。这种接头由于扭矩小，挤出的金属少，所以接头的温度分布较宽，变形层金属也容易氧化。

摩擦压力对焊接接头的质量有很大影响，为了产生足够的摩擦加热功率，保证摩擦表面的全面接触，摩擦压力不能太小，常用 20～100MPa。在稳定摩擦阶段，当摩擦压力增大时，摩擦扭矩增大，摩擦加热功率升高，摩擦变形速度增大，变形层加厚，深塑区增宽并向外圆移动，在压力的作用下形成粗大而不对称的飞边。摩擦压力大时，接头的温度分布梯度大，变形层金属不容易氧化。在摩擦加热过程中，摩擦压力一般为定值，但为了满足焊接工艺的特殊要求，摩擦压力也可以不断上升，或者采用两级或三级加压。

2）摩擦时间与摩擦变形量　摩擦时间决定了接头的摩擦加热过程，直接影响接头的加热温度、温度分布和焊接质量。摩擦时间短时，焊接表面加热不完全，不能形成完整的塑性变形层，接头上的温度分布不能满足焊接质量要求。摩擦时间过长，接头温度分布宽，高温区金属容易过热，摩擦变形量大，飞边大，消耗的加热能量多。选择摩擦时间时，一般希望在摩擦终了的瞬间，接头上有较厚的变形层或较宽的高温金属区，接头有较小的飞边；而在顶锻焊接过程中，产生较大的顶锻变形量，使变形层的面积沿着工件的径向有很大的扩展，将变形层封闭圆滑，有利于改善接头的焊接质量。因此，碳钢在强规范焊接时，当摩擦加热功率超过极值、下降到稳定值左右时，就应立即停车，并进行顶锻焊接。在弱规范焊接时，通过一段较长时间的稳定摩擦以后，才能停车顶锻焊接。连续驱动摩擦焊的摩擦时间一般在 1～40s 之内。

当摩擦变形速度一定时，摩擦变形量与摩擦时间呈正比，因此，常用摩擦变形量代替摩擦时间来控制摩擦加热过程。在焊接低碳钢时，摩擦变形量可在 1～10mm 的范围内选择。

3）停车时间　图 3-16 是停车时间与摩擦峰值扭矩的关系，由于停车时间对摩擦扭矩、变形层厚度和焊接质量有很大影响，因此应根据变形层厚度正确选择摩擦焊接参数。有时为了改善焊接质量，消除焊缝中的氧化物或脆性化合物层，必须增大停车时的变形层厚度。一般在停车前就施加顶锻压力，或者停车时不制动。但是，为了防止过大的后峰值扭矩使接头金属产生扭曲组织，通常停车时间选择范围为 0.1～1s。

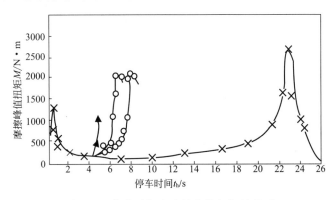

图 3-16　停车时间和摩擦峰值扭矩的关系

4）顶锻压力与变形量　顶锻压力的作用是挤碎和挤出变形层中的氧化金属及其他有害杂质，并使接头金属在压力作用下得到锻造，促使晶粒细化，从而提高接头的力学性能。顶锻变形量是顶锻压力作用的结果，如果顶锻压力太小，接头质量低；如果顶锻压力过大，会使接头变形量增加，飞边增大，严重时在焊缝金属中形成低温横向流动的弯曲组织，使接头的疲劳强度降低。

顶锻压力的大小取决于焊接工件的材料、接头的温度分布、变形层的厚度，此外，还取决于摩擦压力的大小，一般选 100～200MPa。如果焊接材料的高温强度高，就需要大的顶锻压力；如果接头的温度高，变形层较厚，就采用较小的顶锻压力。此外，在顶锻压力确定以后，为了得到一定要求的顶锻变形量，对顶锻压力的施加速度也有要求，如果不在一定的高温下进行顶锻，将得不到合适的顶锻变形量。一般来讲，顶锻速度 10～40mm/s，顶锻变形量 1～6mm。

中碳钢、高碳钢、低合金钢及其组合的异种钢焊接时，其焊接参数可以参考低碳钢的焊接参数。为了防止中碳钢、高碳钢和低合金钢焊缝中的淬火组织，减少焊后回火处理工序，应选用较弱的焊接规范。应注意的是，焊接高温强度差的高合金钢时，需要增大摩擦压力和顶锻压力，适当延长摩擦时间。焊接管子时，为了减少内毛刺，在保证焊接质量的前提下应尽量减小摩擦变形量和顶锻变形量。

焊接高温强度差别比较大的异种钢或某些不产生脆性化合物的异种金属时，除了在高温强度低的材料一方加模子以外，还要适当延长摩擦时间，提高摩擦压力和顶锻压力。焊接容易产生脆性化合物的异种金属时，需要采用一定的模具封闭接头金属，降低摩擦速度，增大摩擦压力和顶锻压力。

焊接大直径工件时，在摩擦速度不变的情况下，应相应地降低转速。工件直径越大，摩擦压力在摩擦表面上的分布越不均匀，摩擦变形阻力越大，变形层的扩展也需要较长的时间。焊接不等端面的碳钢和低合金钢时，由于导热条件不同，在接头上的温度分布和变形层的厚度也不同，为了保证焊接质量，应采用强规范焊接。

目前在生产中所采用的焊接参数，都需要通过试验方法确定，还很难采用计算的方法进行参数优化和确定。

表 3-1 是几种典型材料的连续驱动摩擦焊接参数，表 3-2 是典型材料的惯性摩擦焊接参数。

表 3-1　典型材料的连续驱动摩擦焊接参数

序号	焊接材料	接头直径 /mm	焊接参数				备注
			转速 /(r/min)	摩擦压力 /MPa	摩擦时间 /s	顶锻压力 /MPa	
1	45 钢＋45 钢	16	2000	60	1.5	120	—
2	45 钢＋45 钢	25	2000	60	4	120	—
3	45 钢＋45 钢	60	1000	60	20	120	—
4	不锈钢＋不锈钢	25	2000	80	10	200	—
5	高速钢＋45 钢	25	2000	120	13	240	采用模子
6	铜＋不锈钢	25	1750	34	40	240	采用模子
7	铝＋不锈钢	25	1000	50	3	100	采用模子
8	铝＋铜	25	208	280	6	400	采用模子
9	铝＋铜，端面锥角 60°～120°	8～50	1360～3000	20～100	3～10	150～200	两端采用模子
10	GH4169	20	2370	90	10	125	—
11	GH3536	20	2370	65	16	95	—
12	30CrMnSiNi2A	20	2370	30	6	55	—
13	40CrMnSnMoVA	20	2370	35	3	78	—
14	1Cr18Ni9Ti	25	2000	40	10	100	—

表 3-2　典型材料的惯性摩擦焊接参数

材料	转速/(r/min)	转动惯量/(kg/m)	轴向力/kN
20 钢	5730	0.23	69
45 钢	5530	0.29	83
合金钢 20CrA	5530	0.27	110
超高速钢 40CrNi2SiMoVA	3820	0.73	18.6
纯钛	9550	0.06	20.7
镍基合金 GH600	4800	0.60	206.9
GH4169	2300	2.89	206.9
GH901	3060	1.63	206.9
GH738	3060	1.63	206.9
GH141	2300	2.89	206.9
GH3536	2300	2.89	206.9
镁合金 MB7	3060～11500	0.41～0.03	51.7
镁合金 MB5	3060～11500	0.22～0.02	40.0

（4）焊接参数的检测

摩擦焊接参数大体上可以分为独立参数和非独立参数。独立参数可以单独设定和控制，主要包括主轴转速、摩擦压力、顶锻压力、摩擦时间、顶锻维持时间。所谓非独立参数，就是该参数需要由两个或两个以上的独立参数以及材料的性质所决定，主要包括摩擦焊扭矩、焊接温度、摩擦变形量、顶锻变形量等。

1）摩擦开始信号的判定　连续驱动摩擦焊时，无论检测摩擦时间或检测摩擦变形量，都涉及摩擦开始时刻的判定问题。在实际应用中的主要方法有功率极值判定法、压力判定法、主机电流比较法。功率极值判定法是以摩擦加热功率达到峰值的时刻作为摩擦时间的起点。需要注意的是，大面积工件摩擦焊接时，在不稳定摩擦阶段存在功率的多峰值现象。压力判定法是当工件接触、开始摩擦时，作用在工件上的压力逐渐升高，以压力继电器动作的时刻作为摩擦时间开始。主机电流比较法是工件摩擦开始后，以主机电流上升到某一给定值所对应的时刻作为摩擦计时的起始点。这三类检测方法都可以通过硬件或软件实现摩擦开始信号的检测和判定。

2）变形量的测量　变形量的测量比较简单，常采用电感式位移传感器（含差动式）、光栅位移传感器等。摩擦焊接时，将传感器的输出信号输入到计算机中，取出对应于各阶段的特征值（如摩擦开始、顶锻开始、顶锻维持结束等时刻），将这些特征值作为计算相应阶段变形量的相对零点。

3）主轴转速和压力的测量　主轴转速测量常采用磁通感应式转速计、光电式转速计以及测速发电机等。压力测量除通常采用压力表外，还采用电阻丝应变片和半导体应变片等。

4）接头温度的测量　焊接温度测量一般采用热电偶和红外测温仪两种方法。采用热电偶可以测量摩擦焊工件的内部温度。为了解决工件在转动时的测量问题，可将布置在旋转工件上的热电偶通过补偿导线连接到引电器上，焊接时，引电器的内环随工件一起旋转，各输入端始终与相应内环的输入端相连。应注意的是，测量前必须对热电偶的动特性进行标定，还应对测得的数据进行修正，才能得到真实的温度。这种测量方法的缺点是热惯性大，反应不够灵敏。红外测温属于非接触测量，用于测量工件的表面温度场。该法用光学探测器瞬间接收工件上某个部位的单元信息，扫描机构依次对工件进行二维扫描，接收系统按时间先后依次接收信号，经放大处理，变为一维时序视频信号送到显示器，与同步机构送来的同步信号合成后，显示出焊件图像和温度场的信息。

5) 摩擦扭矩的测量　摩擦扭矩综合反映了轴向压力、工件转速、界面温度、材质特性及其相互之间的影响，是连续驱动摩擦焊的一个重要参数，该参数变化速度快、变化范围大。主要测量方法有电阻应变片法（将电阻应变片贴在工件上），好处是灵敏度高，不足之处是不适宜生产现场，当主轴刚度大，被焊面积小且采用软规范时误差较大。另外，还有磁弹扭矩传感器法（利用铁磁材料受机械力作用时导磁性能发生变化的磁弹现象，测量误差较大）、轮辐射扭矩传感器法（测主轴电机的输出扭矩，是一种近似测量法）和主电动机定子电压电流法。

主电动机定子电压电流法缩写为 VCMM（voltage and current of major motor），连续驱动摩擦焊时，摩擦扭矩 $M(t)$ 和摩擦加热功率 P 分别为

$$M(t) = 2\pi \int_0^R \mu(r,t) P(r,t) r^2 \mathrm{d}r \tag{3-3}$$

$$P = \frac{\pi^2}{15} \int_0^R n(t) \mu(r,t) P(r,t) r^2 \mathrm{d}r \tag{3-4}$$

式中　$\mu(r,t)$ ——摩擦系数；

$\quad\quad P(r,t)$ ——摩擦压力；

$\quad\quad R$——工件半径；

$\quad\quad r$——工件摩擦表面某点到工件轴心的距离；

$\quad\quad n(t)$ ——摩擦转速。

由于 $n(t)$ 与 r 无关，所以

$$P = \frac{\pi}{30} n(t) M(t) \tag{3-5}$$

目前，可采用计算机实现主电机定子电压、电流以及摩擦转速的实时同步检测，首先计算出主电动机的输入功率，再通过对摩擦焊接过程各种功率损耗的分析、计算，求出作用于摩擦焊接头的加热功率，根据式（3-5）求出摩擦焊过程的动态扭矩。

3.4　摩擦焊设备

摩擦焊是一种机械化、自动化程度较高的焊接方法，焊接质量对设备的依赖性较大，要求设备要有适当的主轴转速，有足够大的主轴电机功率、轴向压力和夹紧力，还要求设备同轴度好、刚度大。根据生产需要，还需配备自动送料、卸料、切除飞边等装置。其中，最常用的是普通型连续驱动摩擦焊与惯性摩擦焊。按照工件摩擦运动的形式，可以将摩擦焊机分为旋转式和轨道式两大类，前者又可分为连续驱动式和轨道式，后者又可分为直线轨道式和圆形轨道式。

(1) 连续驱动摩擦焊机

1) 设备组成及要求　普通型连续驱动摩擦焊机结构如图 3-2 所示，主要由主轴系统、加压系统、机身、夹头、检测与控制系统以及辅助装置六部分组成。

① 主轴系统　主要由主轴电机、传动皮带、离合器、制动器、轴承和主轴等组成，主要作用是传送焊接所需要的功率、承受摩擦扭矩。

主轴电机一般采用交流电机，通过传送带直接带动主轴旋转。主轴的转速一般很高，多为 1000～3000r/min。对材料和直径一定的焊件，焊机主轴转速必须高于一个最低值才能保证摩擦表面有足够高的加热温度和加热速度，这个最低的转速称为临界摩擦转速，例如焊接 45 钢棒，直径为 16mm，其转速范围为 1500～3000r/min。但是，过高的转速会给焊机的设计与制造带来困难，主轴传送的功率大，承受较大的转矩和顶锻压力，故对主轴的要求是强度高，刚性大。

主轴电机功率最高不超过 200kW，确定电动机功率需要考虑焊件的材质、直径大小和所选的焊接工艺参数等因素，功率太大造成浪费，功率太小将使主轴堵转，或使电机过载、发热而损坏。

摩擦加热终了时，要求主轴迅速停车。功率较小、生产率不高的焊机，可以采用电动机反制动或能耗制动停车；生产率高和主轴电机功率大的焊机，普遍采用离合-制动装置。离合器和制动器应能可靠制动联锁，即离合器合拢前制动器必须松开，而制动器制动前离合器必须与带轮脱开。

② 加压系统　主要包括加压机构和受力机构两部分。加压机构的核心是液压系统，液压系统包括夹紧油路、滑台快进油路、滑台工进油路、顶锻保压油路以及滑台快退油路五个部分。夹紧油路主要通过对离合器的夹紧与松开完成主轴的启动、制动以及工件的夹紧、松开等任务。当工件装夹完成之后，滑台快进。为了避免两工件发生碰撞，当接近到一定程度时通过油路的切换，滑台由快进转变为工进。工件摩擦时，提供摩擦压力。顶锻回路用以调节顶锻压力和顶锻速度的大小，当顶锻保压结束后，又通过油路切换实现滑台快退，达到原位后停止运动，一个循环结束。

受力机构的作用是平衡轴向力（摩擦压力、顶锻压力）和摩擦扭矩以及防止焊机变形，保持主轴系统和加压系统的同心度。通常用拉杆机构来平衡轴向力，用装在机身上的导轨来平衡摩擦转矩。轴向力的平衡可以采用单拉杆或双拉杆结构，即以工件为中心在机身中心位置设置单拉杆，或以工件为中心对称设置双拉杆。

③ 机身　机身用以支撑和固定摩擦焊机上的主轴箱、导轨、液压缸和受力拉杆等部件，一般为卧式箱形结构，少数为立式。焊接时机身受到轴向压力和摩擦转矩的作用，为防止变形和振动，它应有足够的结构强度和刚度，主轴箱、导轨、拉杆、夹头都装在机身上，大型机身可采用板焊结构。

④ 夹头　摩擦焊机上有旋转夹头和移动夹头两种，它们必须能夹牢工件，能承受摩擦压力、顶锻压力和转矩的综合作用。旋转夹头有自定心弹簧夹头和三爪夹头之分，如图 3-17 所示，弹簧夹头适用于直径变化不大的工件，三爪夹头适用于直径变化较大的工件。移动夹头大多为液压夹头，如图 3-18 所示。其中简单液压虎钳适用于直径变化不大的工件，自动定心液压虎钳则适用于直径变化较大的工件。为了使夹持牢靠，不出现打滑、旋转、后退、振动等，夹头与工件的接触部分硬度要高，耐磨性要好。

⑤ 检测与控制系统　参数检测主要涉及时间（摩擦时间、刹车时间、顶锻上升时间、顶锻维持时间）、加热功率、摩擦压力（一次压力和二次压力）、顶锻压力、变形量、扭矩、转速、温度、特征信号（如摩擦开始时刻、功率峰值及所对应的时刻）等。

控制系统包括程序控制和工艺参数控制。程序控制即控制焊机按预先规定的程序完成上

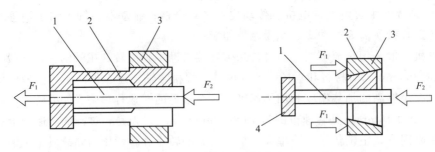

图 3-17 摩擦焊旋转夹头

1—焊件；2—夹头；3—夹头体；4—挡铁；F_1—预紧压力；F_2—摩擦和顶锻时的轴向压力

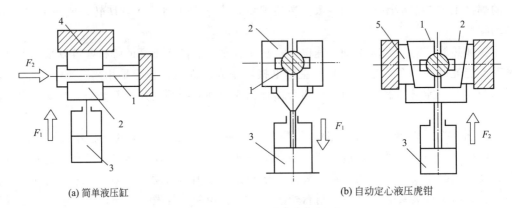

(a) 简单液压缸　　　　　　　　　　　(b) 自动定心液压虎钳

图 3-18 摩擦焊移动夹头

1—焊件；2—夹头；3—液压缸；4—支座；5—挡铁；F_1—预紧压力；F_2—摩擦和顶锻时的轴向压力

料、夹紧、滑台快进、滑台工进、主轴旋转、摩擦加热、离合器松开、刹车、顶锻保压、车除飞边、滑台后退、工件退出等动作及其联锁保护等。摩擦焊机多采用继电器控制，近年来可编程控制器、微机控制器等在摩擦焊机控制系统中的应用逐渐增多。焊接参数控制，则根据方案进行相应的诸如时间控制、功率峰值控制、变形量控制、温度控制、变参数复合控制等。

⑥ 辅助装置　主要包括自动送料、卸料以及自动切除飞边等装置。

2）典型设备的技术参数　表 3-3 和表 3-4 是部分国内连续驱动摩擦焊机和混合式摩擦焊机的型号、技术指标和适用范围，表 3-5 是部分国外厂家的设备型号及主要技术指标。

表 3-3　连续驱动摩擦焊机型号及技术指标

产品型号	主要技术参数					
	顶锻力 /kN	焊接直径 /mm	旋转夹具夹持焊件长度/mm	移动夹具夹持焊件长度/mm	转速 /(r/min)	功率 /kW
MCH-2 型	320	15～50	60～450	120	1300	37
MCH-4 型	20～40	4～16	20～300	100～500	2500	11
MCH-20B	200	10～35	50～300	80～450	1800	18.5
MCH-63 型	630	35～65	100～380	250～1400	1200	55
C-0.5A[①]	5	4～6.5	—	—	6000	—
C-1A	10	4.5～8	—	—	5000	—

续表

产品型号	主要技术参数					
	顶锻力 /kN	焊接直径 /mm	旋转夹具夹持 焊件长度/mm	移动夹具夹持 焊件长度/mm	转速 /(r/min)	功率 /kW
C-2.5D	25	6.5～10	—	—	3000	
C-4D	40	8～14	—	—	2500	
C-4C	40	8～14	—	—	2500	
C-12A-3	120	10～30	—	—	1000	
C-20	200	12～34	—	—	2000	
C-20A-3	250	18～40	—	—	1350	
CG-6.3	63	8～20	—	—	5000	
CT-25	250	18～40	—	—	5000	
RS45	450	20～70	—	—	1500	

①—A、B、C、D 为机型序号。

表 3-4　混合式摩擦焊机型号及技术指标

可焊焊件规格 ＼ 型号		HAMM-(轴向推力 kN)						
		50	100	150	280	400	800	1200
低碳钢焊接最大 直径/mm	空心管	$\phi20\times4$	$\phi38\times4$	$\phi43\times5$	$\phi75\times6$	$\phi90\times10$	$\phi110\times10$	$\phi140\times16$
	实心棒	$\phi18$	$\phi25$	$\phi30$	$\phi45$	$\phi55$	$\phi80$	$\phi95$
焊件长度/mm	旋转 夹具	50～140	55～200	50～200	50～300	50～300	80～300	100～500
	移动 夹具	100～500	100～不限	100～不限	100～不限	120～不限	300～不限	200～不限

表 3-5　国外部分摩擦焊机型号及技术指标

生产厂家	产品型号	主要技术参数			
		主轴转速 /(r/min)	最大轴向力 /4.4N(kN)	焊接直径 /25.4cm	最大管面积 /645.1cm²
FPE&Gatwick Fusion Ltd	Modular NC-400	—	—	—	—
	Modular 7000	—	—	—	—
	Compact 25	—	—	—	—
Manufacturing Tech,Inc	Model 40	—	—	—	—
	Model 2000	—	—	—	—
Inertia Friction Welding,Inc	7.5 ton	3000	15000	1.0	1.0
	10 ton	3000	20000	1.125	1.4
	15 ton	2400	30000	1.5	2.0
	30 ton	2400	60000	1.875	4.0
	60 ton	1500	120000	2.375	8.0
	100 ton	1000	200000	3.5	14.0
	125 ton	1000	250000	4.0	17.0
	150 ton	1000	300000	4.5	20.0
ETA	FW 10/250	—	—	—	—

（2）惯性摩擦焊机

惯性摩擦焊机由电动机、主轴、飞轮、夹盘、移动夹具和液压缸等组成，如图 3-4 所示。表 3-6 是部分惯性摩擦焊机的型号和技术指标。这些焊机可以有不同的组合和改动，所有焊机均可配备自动装卸、除飞边装置和质量控制检测器，转速可以从 0 调到最大值。

表 3-6　惯性摩擦焊机的型号和技术指标

型号	最大转速 /(r/min)	最大转动惯量 /(kg/m²)	最大焊接力 /kN	最大管形焊缝面积/mm²	变型
40	45000/60000	0.00063	222	45.2	B. D. V
60	12000/24000	0.094	40.03	426	B. BX. D. V
90	12000	0.21	57.82	645	B. BX. D. T. V
120	8000	0.21	124.54	1097	B. BX. D. T. V
150	8000	2.11	222.4	1677	B. BX. T. V
180	8000	42	355.8	2968	B. BX. T. V
220	6000	25.3	578.2	4194	B. BX. T. V
250	4000	105.4	889.6	6452	B. BX. T. V
300	3000	210	1112.0	7742	B, BX
320	2000	421	1556.8	11613	B, BX
400	2000	1054	2668.8	19355	B, BX
480	1000	10535	3780.8	27097	B, BX
750	1000	21070	6672.0	48387	B, BX
800	500	42140	20000	145160	B, BX

3.5　搅拌摩擦焊

搅拌摩擦焊是英国焊接研究所针对铝合金、镁合金等轻质有色金属开发的一种新型固相连接技术，具有焊接变形小、无裂纹/气孔/夹渣等常见焊接缺陷的特点，使得以往通过传统熔焊方法无法实现焊接的材料通过搅拌摩擦焊接技术得以实现连接。搅拌摩擦焊具有适于自动化和机器人操作的诸多优点，是一种高效、节能、环保的新型连接技术，被誉为"继激光焊后又一次革命性的焊接技术"。它在飞机制造、机车车辆和船舶制造中已经得到应用，主要用于铝合金、镁合金、铜合金、钛合金和铝基复合材料的焊接。

3.5.1　搅拌摩擦焊原理

（1）搅拌头插入阶段

搅拌摩擦焊开始时，搅拌头旋转着逐渐插入焊接工件，随着搅拌头插入深度的增加，搅拌头四周出现热塑化金属飞边。当搅拌头轴肩与工件完全接触时，焊接顶锻压力和初始摩擦转矩出现峰值，由于轴肩对飞边金属的拘束作用和辅助加热作用增强，搅拌头邻近区域形成一定厚度的热塑化金属层。

（2）热塑化金属层形成和转移

当搅拌头完全插入工件并形成了动态热平衡后，搅拌头沿着焊缝方向以一定的速度向前移动，热塑化的金属层在搅拌头旋转、摩擦作用下，由前部向后部移动，并且在搅拌头的前部又形成了新的热塑化层。

（3）焊缝形成阶段

过渡后的热塑化金属在受到搅拌头轴肩后部摩擦热作用的同时，也受到向前和向后的挤压、锻造作用，在热-机的联合作用下形成了固相连接接头。

（4）接头的形成及组织

搅拌摩擦焊接时，由于轴肩与焊件上表面紧密接触，因而焊缝通常呈 V 形，接头一般形成三个组织明显不同的区域，如图 3-19、图 3-20 所示。焊核区（WNZ，weld nugget zone）位于焊缝中心靠近搅拌针扎入的位置，一般由细小的等轴晶再结晶组织构成；热机影响区（TMAZ，thermal-mechanically affected zone）位于焊核区两侧，该区域的材料发生程度较小的变形；热影响区（HAZ，heat-affected zone）是在焊接过程中仅受到热循环作用，而未受到搅拌头搅拌作用的影响。不同区域所形成的最终组织与焊接过程中的局部热、机械搅拌的循环周期有关，并且经历了差异较大的塑性流动和热载荷，导致应变、应变率和温度存在较大的差异。

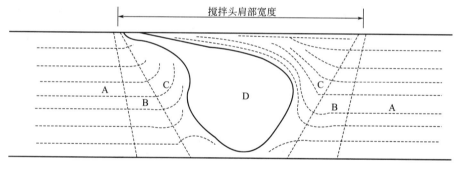

图 3-19　搅拌摩擦焊接头
A—母材；B—热影响区；C—热机影响区；D—焊核区

(a) 焊核区　　(b) 热机影响区　　(c) 热影响区

图 3-20　搅拌摩擦焊接头各区金相微观组织

1）焊核区　焊核区的塑性流动是非对称性的，该区域经历了高温、大应变后，焊核的中心发生了强烈的变形。大应变导致焊核区在焊接过程中发生了动态再结晶，并导致该区出现高密度的沉淀相，从而有利于抑制焊接过程中晶粒的长大。这些沉淀颗粒的尺寸为 1～3μm，与亚晶粒的尺寸相似。在焊接过程中，材料与搅拌针之间的相互作用导致焊核区出现同心环（洋葱环组织）。

2）热机影响区　热机影响区是一个过渡区域，虽然也经历了连续的温度变化和机械搅拌，但该区的局部应变较焊核区较小，明显导致初始拉长晶粒的旋转变形。热机影响区和焊核区间的组织变化没有过渡，变化非常显著。对 6061 铝合金搅拌摩擦焊接头热机影响区的组织分析表明，该区内的晶界大多数为小角晶界。这些晶界是亚晶界，尺寸为 $10\sim20\mu m$，部分晶粒内部存在高密度的网状位错。

3）热影响区　热影响区在焊接过程中经历了沉淀相的溶解、回复、再结晶和晶粒长大，具体发生何种变化与合金种类、合金的初始热处理状态和距焊缝中心的距离有关。热影响区的晶粒尺寸与母材相近，铝合金的平均晶粒尺寸为 $20\sim62\mu m$，而热影响区的平均晶粒尺寸为 $17\sim60\mu m$。焊缝前进侧和后退侧的宽度为 $13\sim16mm$，后退侧热影响区的宽度为 $20mm$ 左右。前进侧和后退侧分别对应于旋转的搅拌头在焊缝方向的切线速度与搅拌头行进方向相同和相反的侧面。

3.5.2　搅拌摩擦焊接头的力学性能

（1）接头硬度分布

在搅拌摩擦焊接过程中，接头不同区域发生了软化，其软化程度的差异，导致了接头硬度分布呈"W"形，图 3-21 为 6063-T5 铝合金搅拌摩擦焊接头的硬度分布，其他型号的铝合金也有相同的趋势。从图中可以看出 WNZ/TMAZ 界面两侧的硬度值相差较小；HAZ/TMAZ 界面两侧的硬度值则相差较大。这种硬度差异导致冷却过程中热影响区和热机影响区界面两侧材料的收缩程度不同，即二者的变形协调性较差，因而界面处易形成较大的残余应力集中，导致该区域为整个接头中强度最弱的区域。

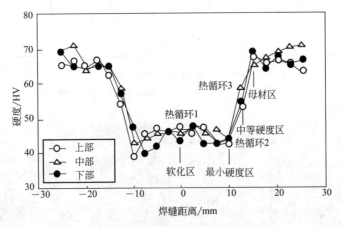

图 3-21　6063-T5 铝合金接头的显微硬度分布

（2）接头强度

从国内外研究情况来看，目前所开展的 FSW 研究主要集中在铝合金、镁合金以及纯铜等软质、易于成形的材料上，对钛合金、不锈钢、铝基复合材料也有少量研究。从表 3-7 可以看出，无论哪种材料，包括难熔焊的硬铝和超硬铝，其 FSW 接头的抗拉强度均能达到母材的 70% 以上。接头性能的具体数值，除了与母材本身的性能有关外，在很大程度上还取决于 FSW 的焊接参数。

表 3-7　FSW 接头/母材的力学性能

母材	抗拉强度 （接头/母材） /MPa	屈服强度 （接头/母材） /MPa	伸长率 /%	母材	抗拉强度 （接头/母材） /MPa	屈服强度 （接头/母材） /MPa	伸长率 /%
2024-T3	432/497	304/424	7.6/14.9	AM50(日本)	180/215	115/117	4.5/10.5
2024-T6	400/477	-/280	-/20.5	AM60	198/240	110/130	6.5/13
5083-O	271/275	125/124	23/24	AZ31(日本)	201/288	127/219	3.5/6.5
6013-T6	322/398	292/349	—	AZ61	285/300	100/140	17/25
6061-T6	199/320	—	11/16	Cu	220/250	—	—
6082	245/317	150/291	5.7/11.3	6061+20%B$_4$C	210/248	137/124	4/12
7020	325/385	242/326	4.5/13.6	DH36 钢	559/483	469/345	8.6/21
7075	470/585	-/560	-/12	304 钢	740/740	300/280	68/68

搅拌摩擦焊和其他方法焊接的 A6005-T5 铝合金接头的拉伸试验结果（见表 3-8）表明。等离子弧焊接头强度性能最高为 194MPa，MIG 焊为 179MPa，搅拌摩擦焊接头的强度最低（175MPa），但搅拌摩擦焊接头的伸长率最高为 22%。2000 系铝合金搅拌摩擦焊接头的断裂发生在热影响区。

表 3-8　焊接方法对 A6005-T5 铝合金接头的拉伸性能的影响

焊接方法	屈服强度/MPa	抗拉强度/MPa	伸长率/%	断裂位置
搅拌摩擦焊	94	175	22	焊缝金属
等离子弧焊	107	194	20	焊缝金属
MIG 焊	104	179	18	焊缝金属

英国焊接研究所认为，2000 系、5000 系和 7000 系铝合金的搅拌摩擦焊接头强度性能接近于母材（也有的低于母材）。对于热处理强化铝合金，采用熔焊方法时焊接接头性能明显下降是一个大问题。飞机制造用的 2000 系、7000 系硬铝，时效后进行搅拌摩擦焊接，或搅拌摩擦焊后进行时效处理，二者焊接接头的抗拉强度可达到母材的 80%～90%。

6000 系的 6N01-T6 铝合金广泛应用于日本的铁路车辆制造。焊接和时效处理顺序对接头力学性能有很大的影响。该合金在大气和水冷中进行搅拌摩擦焊的接头拉伸试验结果（见表 3-9）表明，经时效处理后，焊接接头的抗拉强度得到了提高。特别是在水冷中焊接的试件经时效处理后改善效果最为显著。因为水冷时软化区变小，这样的时效处理硬度回复效果好。一边水冷一边进行搅拌摩擦焊时，接头强度与被焊金属的厚度有关，随着板厚的增大，接头强度下降，如图 3-22 所示。

表 3-9　冷却方式和时效处理对接头拉伸性能的影响

状态	屈服强度/MPa	抗拉强度/MPa	伸长率/%
空冷	122	203	12.5
空冷时效处理	185	230	7.6
水冷	143	220	11.1
水冷时效处理	238	267	6.0

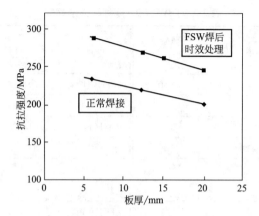

图 3-22　搅拌摩擦焊接头强度与板厚的关系
（6N01-T6 铝合金，水冷中搅拌摩擦焊）

　　铝合金搅拌摩擦焊焊缝金属承受载荷的能力，等于或高于母材垂直于轧制方向的承载能力。与电弧焊接头弯曲试验不同，搅拌摩擦焊接头弯曲试验的弯曲半径为板厚的 4 倍以上。在这种试验条件下，各种铝合金搅拌摩擦焊接头的 180°弯曲性能都很好。

(3) 搅拌摩擦焊接头的疲劳强度和韧性

　　与气体保护焊（如 TIG、MIG）等熔焊方法相比，铝合金搅拌摩擦焊接头的抗疲劳性能良好。其原因一是因为搅拌摩擦焊接头经过搅拌头的摩擦、挤压、顶锻得到的是精细的等轴晶组织；二是焊接过程在低于材料熔点温度下完成的，焊缝组织中没有熔焊时常出现的凝固结晶过程中产生的缺陷，如偏析、气孔、裂纹等。

　　针对不同铝合金（如 A2014-T6、A2219、A5083、A7075 等）的搅拌摩擦焊接头的疲劳性能试验表明，铝合金搅拌摩擦焊接头的抗疲劳性能优于熔焊接头，其中，A5083 铝合金搅拌摩擦焊接头的疲劳性能可达到与母材相同的水平。

　　试验结果表明，搅拌摩擦焊接头的疲劳破坏处于焊缝上表面位置，而熔化焊接头的疲劳破坏则处于焊缝根部。图 3-23 示出板厚为 40mm 的 6N01-T5 铝合金搅拌摩擦焊接头的疲劳性能试验结果（应力比为 0.1），可见，10^7 次疲劳寿命达到母材的 70%，即 50MPa，这个数值为激光焊、熔化极气体保护焊的 2 倍。

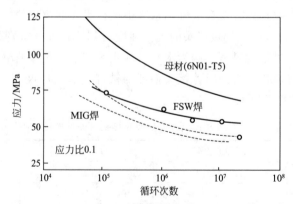

图 3-23　6N01-T5 铝合金各种焊接方法的疲劳强度

　　对板厚为 30mm 的 A5083 铝合金进行双道搅拌摩擦焊（焊接速度为 40mm/min），用焊的接头制备比较大的试件，然后对该搅拌摩擦焊接头进行低温冲击韧性试验，结果表明，无论是在液氮温度（−196℃），还是在液氦温度下（−269℃），搅拌摩擦焊接头的低温冲击韧性都高于母材，断面呈现韧窝状，原因是搅拌摩擦焊焊缝组织晶粒细化。相比之下，MIG焊接头室温以下的低温冲击韧性均低于母材。同时采用断裂韧性值（K_{IC}）来评价接头的韧性，与冲击韧性试验一样，搅拌摩擦焊接头的断裂韧性高于母材，而在低温下发生晶界断裂。

3.5.3　搅拌摩擦焊工艺

(1) 工艺特点

1）与传统摩擦焊及其他焊接方法相比，搅拌摩擦焊有以下优点。

① 焊接接头质量高，不易产生缺陷。焊缝是在塑性状态下受挤压完成的，属于固相焊接，避免了熔焊时熔池凝固过程中产生裂纹、气孔等缺陷，这对裂纹敏感性强的 7000、2000 系列铝合金的高质量连接十分有利。

② 不受轴类零件的限制，可进行平板的对接和搭接，可焊接直焊缝、角焊缝及环焊缝，可进行大型框架结构及大型筒体制造、大型平板对接等。

③ 便于机械化、自动化操作，焊接质量稳定，可重复性好。

④ 焊接过程中不需要其他焊接材料，如焊条、焊丝、焊剂、保护气体等，唯一消耗的是搅拌头。厚焊接件边缘不用加工坡口。焊接铝材工件不用去除氧化膜，只需去除油污即可。

⑤ 焊件有刚性固定，且固相焊接时加热温度较低，故焊件不易变形。这点对较薄铝合金结构（如船舱板、小板拼成大板）的焊接极为有利，这是传统熔焊方法难以做到的。

⑥ 安全、无污染、无熔化、无飞溅、无烟尘、无辐射、无噪声、没有严重的电磁干扰及有害物质的产生，是一种环保型连接方法。

2）搅拌摩擦焊本身也存在如下缺点。

① 不同的结构需要不同的工装夹具，设备的灵活性较差。

② 焊接工具的设计、过程参数及力学性能只能对较小范围、一定厚度的合金适用。

③ 目前来看，搅拌摩擦焊焊接速度不高，搅拌头的磨损和消耗相对较高。

④ 焊缝背面需要有垫板，在封闭结构中垫板的取出比较困难。

3）搅拌摩擦可焊性。指金属在摩擦焊接过程中焊缝形成和获得满足使用要求接头的能力。轻金属及异种轻金属搅拌摩擦焊可焊性的评价，主要应考虑下列因素。

① 被焊金属的熔点。铝、镁及其合金的熔点不高，容易实现搅拌摩擦焊接；钛合金搅拌摩擦焊有一定难度。

② 金属焊接表面上的氧化膜是否容易破碎。表面氧化膜容易破碎的金属容易焊接。铝合金及其合金表面易氧化，但这两种金属熔点相对较低，氧化膜易于破碎，仍适于搅拌摩擦焊接。

③ 两种金属是否相互溶解和扩散。不能互相溶解和扩散的金属搅拌摩擦焊很困难，有时甚至是不可能的。相对来说，同种金属和合金容易实现搅拌摩擦焊接。

④ 金属的高温力学性能与物理性能如何。通常高温强度高、塑性低、导热性好的材料不容易焊接。异种金属焊接时，两种金属的高温力学性能与物理性能差别太大，不容易焊接。

⑤ 金属的摩擦系数。摩擦系数低的材料，由于摩擦加热功率低，不容易保证焊接质量。

由于搅拌摩擦焊本身具有的一些特点，如焊接温度等于或低于金属熔点、加热区域窄、时间短、接头的加热温度和温度分布范围宽等，焊接表面的摩擦与变形不仅清除了原有的氧化膜，而且能防止焊缝金属继续氧化，促进金属原子的扩散。搅拌头施加的压力能够破碎变形层中的氧化膜和脆性层，将其破碎或挤出焊缝之外，使焊缝金属晶粒细化、性能提高等。因此，轻金属有良好的搅拌摩擦焊可焊性。

（2）搅拌摩擦焊工艺参数及选择

搅拌摩擦焊的工艺参数主要有五个：搅拌头旋转速度、焊接速度、焊接深度、搅拌头仰角和轴肩压力。搅拌摩擦焊的工艺参数选择与被焊材料、厚度以及搅拌头的形状密切相关。

① 搅拌头旋转速度　搅拌头的旋转速度决定了搅拌摩擦焊热输入的大小。旋转速度增加，热输入增大。搅拌头旋转速度是通过改变焊接热输入和软化材料流动来影响接头微观结构，进而影响接头强度。当焊接速度值为定值、转速较低时（如 $n=500\text{r/min}$，$v=160\text{mm/min}$，$\theta=2°$），焊接热输入较低，搅拌头前方不能形成足够的软化材料填充搅拌针后方所形成的空腔，焊缝内容易形成孔洞缺陷〔如图 3-24（a）〕，从而弱化接头强度。转速提高，焊接峰值温度增大，因而在一定范围内提高转速，热输入增加，有利于提高软化材料填充空腔的能力，避免接头内部缺陷的形成，接头内无缺陷〔图 3-24（b）〕。但是，转速过高，例如超过 10000r/min，会引起材料应变速率增加，影响焊缝的再结晶。

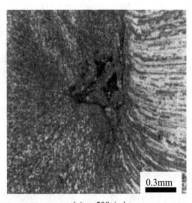
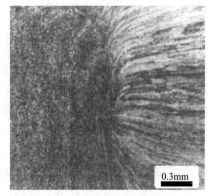

(a) $n=500\text{r/min}$　　　　　　　　　　　　(b) $n=800\text{r/min}$

图 3-24　搅拌头旋转速度 n 对接头缺陷的影响（$v=160\text{mm/min}$，$\theta=2°$）

保持焊接速度一定，改变搅拌头旋转速度进行试验，结果表明当旋转速度较低时，不能形成良好的焊缝，搅拌头的后边有一条沟槽。随着旋转速度的增加，沟槽的宽度减小，当旋转速度提高到一定数值时，焊缝外观良好，内部的孔洞也逐渐消失。因此，在合适的旋转速度下才能获得接头的最佳强度值。

对于高强度铝锂合金，在焊接速度 $v=160\text{mm/min}$、仰角 $\theta=2°$ 的条件下，搅拌头旋转速度对接头强度的影响如图 3-25 所示。由图可知，当 $n\leqslant800\text{r/min}$ 时，接头强度随着转速的提高而增加，并于 $n=800\text{r/min}$ 时达到最大值；当 $n>800\text{r/min}$ 时，接头强度随着转速的提高而迅速降低。

搅拌头旋转速度和焊接速度的比值对接头性能也有一定的影响，图 3-26 是旋转速度 $n=1000\text{r/min}$ 时，不同 n/v 比值对抗拉强度的影响，试验材料为含 5% 质量分数 Mg 的铝合金。从图中可以看出，随着 n/v 比值的增加，接头的强度和塑性都增加，最大抗拉强度达到 310MPa，与母材的实测值相同，伸长率为 17%，是母材实测值的 63%。在达到最大强度值后，继续增加 n/v 的比值，接头的强度和塑性反而下降。

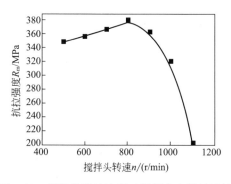

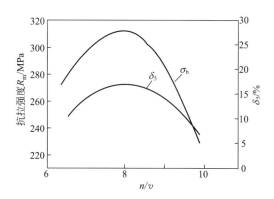

图 3-25　搅拌头旋转速度对铝锂合金搅拌摩擦
焊接头强度的影响（$v=160$mm/min，$\theta=2°$）

图 3-26　n/v 比值对接头性能的影响

② 焊接速度　焊接速度是指搅拌头和工件之间的相对运动速度，焊接速度的快慢决定了焊缝的外观形成和焊缝质量。图 3-27 为焊接速度对铝锂合金搅拌摩擦焊接头抗拉强度的影响。由图可知，接头强度随焊接速度的提高并非单调变化，而是存在峰值。当焊接速度小于 160mm/min 时，接头强度随焊接速度的提高而增大，并于 $v=160$mm/min 时达到最大值 381MPa。从焊接热输入可知，当转速为定值，焊接速度较低时，搅拌头/焊件界面的整体摩擦热输入较高。如果焊接速度过高，使塑性软化材料填充搅拌针行走时所形成的空腔的能力变弱，软化材料填充空腔能力不足，焊缝内形成一条狭长且平行于焊接方向的疏松孔洞缺陷，严重时焊缝表面形成一条狭长且平行于焊接方向的隧道沟，导致接头强度大幅度降低。如 $v=180$mm/min 时，焊核区与热机影响区界面处形成较大的孔洞缺陷，接头强度仅为 336MPa。一般来说，被焊工件的厚度决定着搅拌摩擦焊的焊接速度。

③ 焊接深度　搅拌摩擦焊的焊接深度一般等于搅拌针的长度，对于对接搅拌摩擦焊，搅拌针的长度一般略小于被焊接上的工件厚度（一般为板厚的 0.9）。如果搅拌针的长度太长，搅拌头就会扎入底部焊接垫板，使搅拌针的寿命缩短；如果搅拌针太短，会造成底部材料未焊透。

④ 搅拌头仰角　搅拌头仰角是指搅拌头与焊接工件法线的夹角，它表示后倾斜的程度。搅拌摩擦焊时，搅拌头一般会倾斜一个角度（一般为 0°～5°），倾斜的搅拌头在焊接过程中会对转移后的热塑化金属施加向前、向下的顶锻力，这个力是保证焊接成功的关键。搅拌头仰角的大小与搅拌头轴肩的大小以及被焊接工件的厚度有关。对于高强度铝锂合金，在 $n=800$r/min、$v=160$mm/min 的条件下，搅拌头仰角对接头力学性能的影响如图 3-28 所示。仰角 $\theta=1°$ 时，接头抗拉强度为 293.3MPa；当 $1°\leqslant\theta\leqslant2°$ 时，接头强度随着仰角的增大而迅速上升；当 $2°\leqslant\theta\leqslant5°$ 时，接头强度随着仰角的增大呈缓慢上升的趋势，并于 $\theta=5°$ 时达到 411MPa 最大值；当 $\theta>5°$ 时，接头强度随着仰角的增大而降低。

仰角主要是通过改变接头致密性、软化材料填充能力、热循环和残余应力来影响接头性能。如果仰角较低，由于轴肩压入量不足，轴肩下方软化材料填充空腔的能力较弱，焊核区/热机影响区界面处易形成孔洞缺陷，导致接头强度较低。若仰角增大，搅拌头轴肩与焊件的摩擦力增大，焊接热作用程度增大。

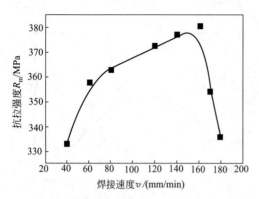

图 3-27　焊接速度对铝锂合金搅拌摩擦
焊接头强度的影响（$n=800\text{r/min}$，$\theta=2°$）

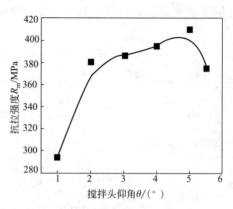

图 3-28　搅拌头仰角对接头强度的影响
（$n=800\text{r/min}$，$v=160\text{mm/min}$）

⑤ 轴肩压力　轴肩压力是指搅拌摩擦焊过程中，搅拌头轴肩和与工件表面接触时轴肩对工件的作用力，主要影响搅拌摩擦产热和焊缝成形。搅拌摩擦焊压力适中时，焊核呈规则的椭圆状，接头有明显分区，焊缝底部完全焊透。压紧程度偏小时，热塑性金属"上浮"溢出焊缝表面，焊缝内部则由于缺少金属填充而形成孔洞。如果压紧程度偏大，轴肩与焊件的摩擦力增大，摩擦热容易使轴肩平台发生粘附现象，焊缝两侧出现飞边和毛刺，焊缝中心下凹量较大，不能形成良好的焊接接头。

常用铝合金材料搅拌摩擦焊工艺参数见表 3-10。

表 3-10　不同铝合金系列搅拌摩擦焊的工艺参数

铝合金	搅拌头旋转速度/(r/min)	焊接速度/(mm/min)	搅拌头倾斜角度/(°)
1000	800～1500	50～200	1.5
2000	200～600	30～150	2
3000	500～1500	50～200	2.5
4000	600～1500	50～250	2.5
5000	800～2500	80～1500	2
6000	800～2000	100～750	2
7000	200～500	20～150	2

（3）搅拌摩擦焊接头装配精度

搅拌摩擦焊对被焊工件的装配精度要求较高，比常规电弧焊接头更加严格，搅拌摩擦焊时，接头的装配精度要考虑几种情况，即接头间隙、错边量和搅拌头中心与焊缝中心线的偏差，如图 3-29 所示。

① 接头间隙及错边量　接头间隙 0.5mm 以上时接头的抗拉强度显著下降；同样错边量 0.5mm 以上时，接头强度显著降低。工艺参数相同的情况下，保持接头间隙和错边量 0.5mm 以下，即使焊接速度达到 900mm/min，也不会产生缺陷。焊接速度较低时（300mm/min），接头间隙可稍大一些。

接头装配精度还与搅拌头的位置有关。搅拌头肩部表面与母材表面的接触程度，也是影响接头质量的一个重要因素。可通过焊接结束后搅拌头肩部外观判别搅拌头的旋转方向、搅

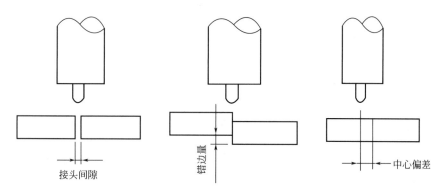

图 3-29　搅拌摩擦焊接头间隙、错边量及中心偏差

拌头肩部表面与母材的接触程度。搅拌头肩部表面完全被侵蚀，表明搅拌头肩部表面与母材表面接触是正常的；当肩部周围 75％表面被侵蚀，表明搅拌头肩部表面与母材表面接触在允许范围内；肩部表面被侵蚀在 70％以下，表明搅拌头肩部表面与母材表面接触不良，在工艺上是不允许的。

② 搅拌头中心偏差　搅拌头中心与焊缝中心线的相对位置，对搅拌摩擦焊接头质量，特别是接头的抗拉强度有很大影响。搅拌头的中心位置对接头抗拉强度影响的示例见图 3-30，图中，也表示了搅拌头中心位置与焊接方向及搅拌头旋转方向之间的关系。对于搅拌头旋转的反方向一侧，搅拌头中心与接头中心线偏差 2mm 时，对焊接接头的抗拉强度几乎没什么影响。但在搅拌头旋转方向相同一侧，搅拌头中心与接头中心线偏差 2mm 时，搅拌摩擦焊接头的抗拉强度显著降低。

当搅拌头的搅拌针直径为 5mm 时，搅拌头中心与接头中心线允许偏差为搅拌针直径的 40％以下，这是对于搅拌摩擦焊接性较好的材料而言，而对于焊接性较差的其他合金，允许范围要小得多。为了获得良好的焊接接头，搅拌头的中心位

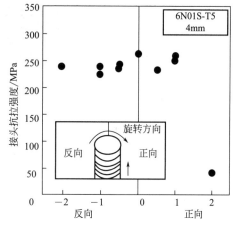

图 3-30　搅拌头中心位置对接头
抗拉强度的影响

置必须保持在允许的范围。例如，接头间隙 0.5mm 以下时，搅拌头的中心位置允许偏差为 2mm。

此外，还应考虑接头中心线的扭曲、接头间隙不均匀、结合面的垂直度或平行度等。确定搅拌摩擦焊工艺参数时，还要考虑搅拌针的形状、焊接胎夹具、搅拌摩擦焊机等因素，这些因素对确定搅拌摩擦焊最佳工艺也有一定的影响。

3.5.4　搅拌摩擦焊设备

搅拌摩擦焊设备的部件很多，从设备功能结构上可以把搅拌摩擦焊机分为搅拌头、机械传动部分、行走部分、控制部分等。

(1) 常用搅拌摩擦焊设备

2002 年，英国焊接研究所（TWI）大尺寸龙门式搅拌摩擦焊设备的焊接范围为 8m

（长）×5m（宽）×1m（高）。瑞典 ESAB 公司为挪威一家公司设计制造了一台商用搅拌摩擦焊设备，可以焊接 16m 长的焊缝，此设备已经通过了挪威船社的验收，投入使用。2003 年 5 月，中国设计制造了型号为 FSW-1DB-001 型搅拌摩擦焊设备，可以焊接厚度为 25mm 的铝合金、镁合金、15mm 的铜合金及 10mm 的钛合金材料，可以焊接 1.5m 长的纵缝和直径 2m 的筒形件。

常用的搅拌摩擦焊设备大致可以分为悬臂式、C 型和龙门式三大类型。悬臂式搅拌摩擦焊接设备如图 3-31 所示。根据型号不同，可以焊接 1～5mm、3～10mm、3～15mm 和 3～20mm 厚铝合金和镁合金。焊件直径 2.2m 以下，长度不超过 15m，控制方式为 3 轴数控。C 型搅拌摩擦焊设备一般焊接厚度 10mm 以下的铝合金或者镁合金，焊缝形式为纵向直缝、T 形焊缝和环焊缝。龙门式搅拌摩擦焊设备主要用于大型构件、大厚度材料的焊接，是生产中应用最多的一种。表 3-11 是部分搅拌摩擦焊接设备的主要型号与技术参数。

图 3-31　悬臂式搅拌摩擦焊接设备

表 3-11　搅拌摩擦焊接设备的主要型号与参数

型号	主要技术参数					
	转速 /(r/min)	焊速 /(mm/min)	下压力 /kN	焊接距离 /mm	最大功率 /kW	焊接厚度 /mm
FSW 5UT	—	2000	100	1000	22	35
FSW 5U	—	2000	100	1000	22	35
FSW 6UT	—	2000	25	1000	45	60
FSW 6U	—	2000	150	1000	45	60
P-stir315	2000	10000	50	1000	15	—
DB 系列	—	500	—	2200	—	20
C 系列	—	1200	—	—	—	15
LM 系列	—	800	—	1500	—	20

（2）数控 FSW 焊接设备

这种设备不同于传统的三维刚性控制机械，它利用了六角昆虫原理，由 6 个支架组成，每个支架都可以改变长度。在负载、刚度和再现性等方面都比传统的搅拌摩擦焊设备有优势。设备的主轴固定在一个框架上，可以使 6 个支架都能自由移动，用来高速焊接一些航空构件，设备的工作空间为 1.2m×1.2m×1.2m。

（3）搅拌摩擦焊机器人

为了实现三维空间曲线的搅拌摩擦焊接，增加焊接适应性，研制了如图 3-32 所示的搅拌摩擦焊接机器人，可以实现空间焊缝的焊接。

图 3-32　搅拌摩擦焊接机器人

（4）搅拌头

搅拌头是搅拌摩擦焊获得高质量焊接接头的关键零件，是搅拌摩擦焊的施焊工具，主要由轴肩和搅拌针两部分组成，一般用工具钢制成，需要耐磨损和高的熔点。如图 3-33 所示，上部较细的部分为搅拌针（也称搅拌棒），可以有多种类型，其几何形貌和尺寸不仅决定着焊接过程的热输入方式、焊接质量及效率，还影响焊接过程中搅拌头附近塑性软化材料的流动形式。

(a) 柱形光面　　　(b) 柱形螺纹面　　　(c) 锥形光面　　　(d) 锥形螺纹面

图 3-33　搅拌头及搅拌针类型

① 轴肩　轴肩是指搅拌头与工件表面接触的肩台部分，在焊接过程中通过与焊件表面间的摩擦提供焊接热源，并形成一个封闭的焊接环境，以阻止高塑性软化材料从轴肩溢出。常见的轴肩形式是在搅拌针与轴肩的交界处中间凹入。在焊接过程中，这种设计形式可保证轴肩端部下方的软化材料受到向内的作用力，从而有利于将轴肩端部下方的软化材料收集到轴肩端面的中心，以填充搅拌针后方所形成的空腔，同时可减少焊接过程中搅拌头内部的应力集中。

② 搅拌针　搅拌针是指搅拌头插入工件的部分，搅拌针与工件摩擦除了提供热源外，还是材料变形的原动力。其重要的功能是破碎和弥散接头界面的氧化层，并使材料的流动更

合理。主要有锥形螺纹搅拌针、三槽锥形螺纹搅拌针、偏心圆搅拌针、偏心圆螺纹搅拌针、非对称搅拌针、柱形光头和柱形螺纹搅拌针、可伸缩搅拌针等多种形式。

锥形螺纹搅拌针（Whorl™）和三槽锥形螺纹搅拌针（MX-Triflute™）是英国焊接研究所淘汰柱形搅拌针后设计出的两种搅拌针形貌。它们的共同之处是呈平截头体状（或玻璃杯状），而且都带有螺纹。根据计算，锥形螺纹搅拌针所切削的材料只有柱形搅拌针的60%，而三槽锥形螺纹搅拌针所切削的材料也只有柱形的70%。另外，搅拌针上的螺纹能促进搅拌头附近的塑性软化材料具有向上运动的趋势。为了改善软化材料的流动路径，增强其行为，还在搅拌针上设计出平台或沟槽，如图 3-34 所示。对于三槽锥形螺纹搅拌针，锥面上开有三个螺旋形的槽，以减小搅拌针的体积，增加软化材料的流动性，可以焊接较厚的材料，同时破坏并分散附着于工件表面上的氧化物。

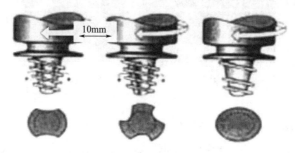

图 3-34　锥形螺纹搅拌针

偏心圆搅拌针（Trivex™）和偏心圆螺纹搅拌针（MX-Trivex™）的外形是根据搅拌摩擦焊的动态模拟得出的（图 3-35）。计算结果表明，当搅拌针最小的纵截面与搅拌针旋转起来扫过的纵截面面积比在 70%～80% 时，焊接方向的压力最小。偏心圆螺纹搅拌针与偏心圆搅拌针相比，由于包含螺纹，从而更有利于粉碎工件表面上的氧化膜，有利于获得高强度的焊接接头。

(a) 偏心圆搅拌针　　　　　　　(b) 偏心圆螺纹搅拌针

图 3-35　偏心圆搅拌针照片

非对称搅拌针（Skew-stir™）与传统搅拌针差异较大，搅拌针中心轴与设备的中心轴之间存在一个偏角。采用非对称搅拌针焊接可提高搅拌针周围塑性软化区的范围，同时这种搅拌针的搅拌动作可以提高搅拌针的动态与静态体积比。

可伸缩式搅拌针可分为手动和自动伸缩式搅拌针。手动式收缩搅拌针可以通过调节针长来焊接不同厚度的材料和实现变厚度板材间的连接。自动收缩式搅拌针不仅具有手动收缩搅拌针的功能，还可以在焊接即将结束时将搅拌针逐渐缩回到轴肩内，从而避免形成匙孔缺陷。

搅拌头的发展趋势如下。

① 冷却装置　人们提出的冷却方式有：用内部的水管冷却，在外部用水喷洒冷却或用气体冷却。

② 表面涂层改性　用于铝合金焊接的搅拌头，可以通过涂层提高其使用寿命。目前，部分搅拌头使用 TiN 涂层，效果很好，可以防止金属粘连搅拌头。

③ 复合式搅拌头　搅拌针和轴肩发挥的作用不同，两者可以使用不同的材料，尽可能使轴肩和搅拌针发挥各自的作用。使用一些耐磨搅拌针材料时，可以降低成本。轴肩与搅拌针分别制造，这样在焊接相对较硬的材料时，搅拌针磨损严重后，可以单独更换搅拌针而不用整个搅拌头都换掉。

3.5.5　典型材料的搅拌摩擦焊

(1) 铝合金的焊接

铝合金利用搅拌摩擦焊技术，可以克服熔焊时产生气孔、裂纹等缺陷。特别是高强铝合金，熔化焊接的强度系数比较低，采用搅拌摩擦焊接可以大大提高接头强度。图 3-36 给出了铝合金熔化焊与搅拌摩擦焊的焊接性比较，搅拌摩擦焊可以焊接所有系列的铝合金。

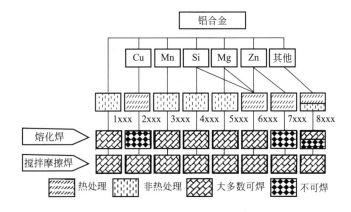

图 3-36　铝合金熔化焊与搅拌摩擦焊焊接性比较

表 3-12 给出了铝合金搅拌摩擦焊焊接参数。通过研究焊接速度、搅拌头旋转速度、轴向压力、搅拌头仰角以及焊具几何参数对接头性能的影响规律，并进行参数优化，可以找到最佳的焊接参数匹配区间。当以这个区间的参数进行 FSW 时，可以获得最佳性能的 FSW 接头。

表 3-12　铝合金搅拌摩擦焊焊接参数

材料	板厚 /mm	焊接参数		
		转速 /(r/min)	焊接速度 /(mm/min)	仰角 /(°)
1050	6.3	400	—	
	5	560~1840	155	—
2024-T6	6.5	400~1200	60	—
2024-T3	6	—	80	
	6.4	215~360	77~267	

材料	板厚 /mm	焊接参数		
		转速 /(r/min)	焊接速度 /(mm/min)	仰角 /(°)
2095	1.6	1000	246	—
2195	5.8	200～250	1.59	—
5052-O	2	2000	40	—
5083	3		100～200	2
	8		100	
	—	500	70～200	2.5
5182	1.5		100	
6061-T6	6.3	800	120	
	6.5	400～1200	60	
	4	600	—	
AA6081-T4（美国）	5.8	1000	350	
6061 铝基复合材料	4	1500	500	
6082	4	2200～2500	700～1400	
7018-T9	6		600	
7075-T6	4	1000	300	
2024	4	2000	37.5	—

（2）镁合金的焊接

目前有文献报道的采用搅拌摩擦焊方法焊接的镁合金主要有 AM50、AZ80、AZ31（日本）、AZ61、AZ91、MB3 等。

对于 MB3 合金，当搅拌头旋转速度过低时，工件不能形成完好的焊缝，在搅拌头后方形成一条沟槽，两试件之间只实现了局部结合，焊缝外观成形不好，内部存在小的空洞和组织疏松，且试样的抗拉强度也低。当旋转速度提高到 1500r/min 以上时，焊缝组织致密，接头强度可以达到母材强度的 90%～98%。焊接速度适中时，接头强度最高，焊接速度过低或过高，都使接头强度降低。对于 3mm 厚的 MB3 镁合金板（强度 245MPa，伸长率 6%），焊速为 25mm/min 时，其强度最低；焊速为 48mm/min 时，强度上升到最高值；进一步增加焊速到 60mm/min，强度反而下降。金相组织观察可知，焊速为 25mm/min 的焊缝存在明显的过热组织，热影响区晶粒长大严重。这是由于在焊速较慢的情况下，内部金属晶粒经历了长时间高温的缘故。焊速为 60mm/min 的焊缝存在微小的孔洞或组织疏松，此现象是因为当焊速过高时，焊接热输入变低，热塑性软化层厚度小，不足以使焊缝完全闭合。

（3）铜合金的焊接

搅拌摩擦焊接 Cu 合金，可以消除熔化焊时焊缝成形能力差、热裂倾向大、难于熔合、未焊透、表面成形差等外观缺陷以及焊缝及热影响区热裂纹、气孔等内部缺陷。在轴肩压力基本恒定的条件下，当 $4 < (n/v) < 8$ 时，焊缝外观成形良好，焊缝内部无缺陷；当 $n/v < 4$ 时，由于单位长度焊缝上的热输入量过小，容易产生孔洞等缺陷；当 $n/v > 8$ 时，焊接区温度过高，焊缝表面由于过热而氧化成暗褐色。当选用尺寸合适的锥形螺纹形搅拌针时，焊缝成形良好；而选用柱形搅拌针时，焊缝容易产生缺陷。这说明螺纹形搅拌针的螺纹槽能改善热塑性材料的流动，从而有利于形成致密的焊缝。图 3-37 为铜的搅拌摩擦焊接头组织形貌，焊缝中无任何缺陷，接头成形良好，焊核区平均晶粒尺寸约为 $70\mu m$（母材的平均晶粒尺寸约为 $100\mu m$），并有变形孪晶存在。这说明，焊核区晶粒在搅拌摩擦焊接中发生再结晶而得到了细化。接头横截面显微硬度测试结果显示，焊核区的显微硬度低于母材区的显微硬度值，这是因为焊核区发生了再结晶。

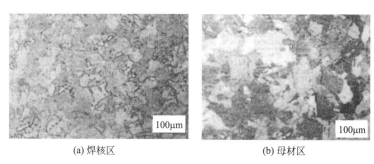

(a) 焊核区　　　　　　　　　　　(b) 母材区

图 3-37　铜合金搅拌摩擦焊接头微观组织

　　试验结果表明，6mm 厚的 T2 纯铜板，最佳焊接规范为：搅拌头旋转速度 600～950r/min，焊接速度 75～150mm/min。接头强度超过 242MPa，达到母材的 88%；接头的伸长率超过 12%，最高为 14%，是母材的 77%。

（4）钛合金的焊接

　　图 3-38 是 Ti-6Al-4V 搅拌摩擦焊后接头各区的微观组织照片。与铝合金搅拌摩擦焊接头微观组织相比，钛合金搅拌摩擦焊接头明显没有热机影响区。焊核区与热影响区之间没有变形晶粒的过渡。钛合金母材的微观组织由等轴 α 和（α+β）板条状组织构成 [图 3-38 (a)]。焊核区上部显微组织为等轴 α 晶粒和（α+β）的小晶团组织构成 [图 3-38（b）]。并且，等轴 α 晶粒和（α+β）的尺寸要比母材内的晶粒尺寸小。焊核区中部的微观组织与上

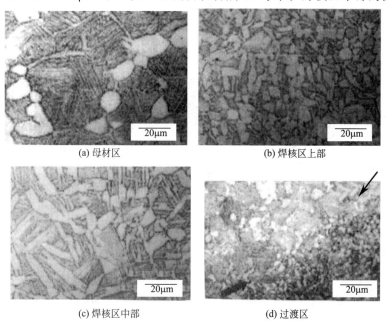

(a) 母材区　　　　　　　　　　　(b) 焊核区上部

(c) 焊核区中部　　　　　　　　　　(d) 过渡区

图 3-38　钛合金搅拌摩擦焊接头微观组织

部微观组织相近，只是尺寸大一些 [图 3-38 (c)]。这可能是因为在焊核区中部散热条件较焊缝上表面差，较长的保温时间，使焊核区中部的组织有时间长大的原因。[图 3-38 (d)] 为焊核区和热影响区交界处的微观组织，该区组织变化较明显，晶粒组织直接从母材较粗大的等轴 α 和 $(\alpha+\beta)$ 板条状变化到焊核区等轴状的 α 和 $(\alpha+\beta)$ 组织。

(5) 铝基复合材料的焊接

目前用于搅拌摩擦焊接研究的铝基复合材料主要有 $6061+20\%Al_2O_3$、$6061+20\%B_4C$、SiC_p-$2009Al$ 等。

由铝基复合材料 $6061+20\%B_4C$ 的接头微观组织分析可知，焊核区的微观组织和母材区的微观组织非常接近。在整个接头上很难区分出焊缝区和母材区。接头的拉伸性能测试结果表明，搅拌摩擦焊接头的力学性能优于 TIG 焊，并且与母材性能很接近。当母材的增强相分布不均匀时，搅拌摩擦焊接头的强度比母材高。铝基复合材料搅拌摩擦焊接时，增强相对搅拌头有较大的摩擦作用，这种磨损使搅拌头产生很大的损耗，损耗的 Fe 元素最终沉积到焊缝前进侧，和焊缝区金属一起形成接头。因此，急需开发耐磨性好的搅拌头。

(6) 钢的搅拌摩擦焊接

近年来，对钢的搅拌摩擦焊接性的研究越来越多。与铝合金相类似，钢的搅拌摩擦焊接头同样存在焊核区、热机影响区和热影响区。对于平均晶粒尺寸约为 $22.2\mu m$ 的 304 奥氏体不锈钢，焊接后的焊核区为等轴晶粒组织，晶粒内部含有一定量的位错，平均晶粒尺寸约为 $14.1\mu m$，比母材区略小。焊核区以外的热机影响区为亚晶组织结构，平均晶粒尺寸为 $11.2\mu m$，与焊核区相近，约为母材区的一半，焊核区和热机影响区的组织发生了回复和再结晶，这与铝合金的搅拌摩擦焊接相类似。

图 3-39 是搅拌摩擦焊接应用的典型例子，图 3-39 (a) 为铜合金管的焊接样件，图 3-39 (b) 为铝合金筒体构件的焊接现场照片，图 3-39 (c) 为板材对接，图 3-39 (d) 为飞机舱门的焊接。

(a) 铜合金管

(b) 铝合金筒体构件

(c) 板材对接

(d) 飞机舱门

图 3-39 搅拌摩擦焊接实例

3.5.6　搅拌摩擦焊新技术

近年来，与搅拌摩擦焊有关的新技术及其应用研究比较多，如搅拌摩擦点焊、搅拌摩擦表面改性技术、细晶材料制备、搅拌摩擦焊接修复、搅拌摩擦-激光复合焊接技术和搅拌摩擦焊接机器人技术等。

（1）搅拌摩擦点焊

图 3-40 为搅拌摩擦点焊原理图，旋转的搅拌头在上部顶锻压力的作用下压入工件，保持一定的时间后（一般为几秒钟），将搅拌头回抽提起，完成搅拌摩擦点焊。与传统的点焊方法相比，搅拌摩擦点焊具有变形小、无需进行表面清理、焊具无损耗等特点，既可以实现高质、高效的目标，又可以节约成本。其缺点是焊点部位产生凹坑。

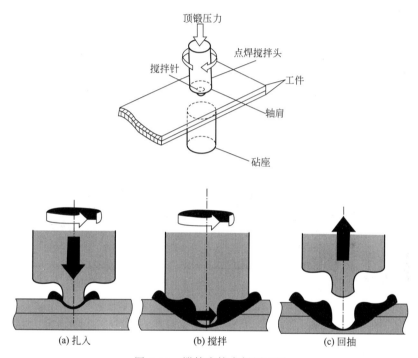

图 3-40　搅拌摩擦点焊原理图

通过对 2mm 厚 6061-T4 铝合金薄板进行搅拌摩擦点焊研究发现，点焊接头的结合强度不仅与焊接参数有关，而且与搅拌头的形貌尺寸密切相关。焊接时间一般均小于 1s，较少的焊接时间可以提高结合强度。采用搅拌摩擦焊接的方法可以实现高强钢的点焊连接，焊接时间为 3s。

（2）表面改性

① 直接表面改性强化　图 3-41 为搅拌摩擦加工方法实现表面改性的原理图。与搅拌摩擦焊接技术相比，用于表面改性的搅拌头只有轴肩没有搅拌针。这样，搅拌头所经过的区域即形成了一道表面改性层，多道搭接即可实现表面改性的目的。铸造铝合金采用熔焊的方法改性处理时（例如激光、等离子、TIG 等），会产生晶间液化裂纹、气孔等缺陷。通过搅拌摩擦改性工艺处理，不仅可以实现表面改性的目的，而且可以避免由于熔焊所带来的焊接缺陷问题。从铸造铝合金搅拌摩擦表面改性后的微观组织可以看出，在基体上形成了一层改性层。与基体组织相比，改性层的微观组织得到了细化，而且 Si 粒子被打碎而均匀分布在改

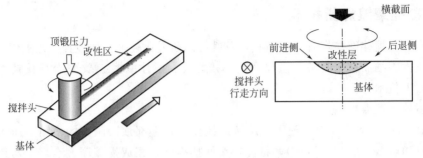

图 3-41　搅拌摩擦表面改性原理图

性层中。

② 制备复合材料表面改性层　复合材料具有高强度、高弹性模量、耐磨性好、抗蠕变和抗疲劳性能优异等特点，但由于陶瓷增强相的加入，使得复合材料延展性、韧性显著降低，通过表面改性可以克服此缺点。表面熔化改性的方法无法避免脆性相的生成，使得改性层容易开裂或与母材剥离。搅拌摩擦表面制备复合材料改性层，可以解决这些问题。制备过程是先在 5083 铝合金表面预涂 SiC 粉，然后采用搅拌摩擦加工工艺获得表面为复合材料的改性层。如图 3-42 所示，SiC 颗粒在铝基体上分布均匀，而且通过控制预涂粉末的厚度、搅拌摩擦焊工艺等参数可以获得强化相含量不同的复合材料表面改性层。

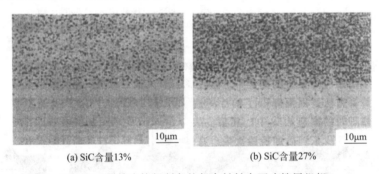

(a) SiC含量13%　　　(b) SiC含量27%

图 3-42　搅拌摩擦焊制备的复合材料表面改性层组织

(3) 制造超细晶材料

超细晶材料由于具有异常优异的力学性能而受到人们广泛关注（例如强度高、韧性好、高温和低温具有超塑性等特点）。超细晶材料的制备通常采用强烈塑性变形（SPD）和等径弯曲通道变形（ECAP）的方法，这两种手段适合于中等强度的材料，而对于难变形、延性差的材料则相对困难，而且也很难获得大面积的超细晶材料。搅拌摩擦加工工艺由于在高温下完成，因此可以实现在常温下难变形材料的细晶制备工艺。

对 7075 铝合金采用搅拌摩擦加工处理可制备出超细晶材料，晶粒得到了很好的细化，晶粒平均尺寸达到了亚微米级（约250nm）。图 3-43 是 7075 铝合金的细晶材料微观组织图片，经过搅拌摩擦加工工艺处理，原始母材板条状的微观组织转变为细化的等轴晶粒。等轴晶粒在高温下退火有长大现象。

(4) 搅拌摩擦焊接修复

通过在原始焊缝上开槽的方式模拟了搅拌摩擦焊接的修复过程，首先用尺寸略大于缺口的铝合金塞块对其进行封孔，用相同尺寸的搅拌头对其进行两次修复。两道焊缝之间有一个偏移量，其目的是消除由于塞块的加入产生的两个新界面。通过采用这种两道焊缝的搭接方

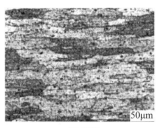
(a) 母材

(b) 搅拌摩擦制备的超细晶材料

(c) 超细晶材料723K退火1h

图 3-43　7075 铝合金微观组织

法，完全可以实现搅拌摩擦焊接接头的有效修复，尤其是在航空修理领域中有广阔的应用前景。

裂纹是航空修理中极为常见的损伤形式，主要发生在蒙皮、发动机叶片等承受交变载荷及应力集中的构件中。传统的修理方法是在裂纹的尖端钻止裂孔、铆接加强片等方法，因而降低了构件的性能和使用寿命。FWS 修补技术可消除机翼裂纹修理时的高应力集中，其蒙皮表面需要的首次安全检验时间推迟了 3.5 倍，同时也减少了随后的检验次数。在对框、肋裂纹搅拌摩擦焊修理时，通过优化焊接参数，搅拌头沿裂纹方向进行焊接修补，不仅可以消除裂纹，而且焊缝力学性能优良，减少了大量铆钉和衬片，消除铆接修复时引起的内应力，提高了修理速度和修理质量。

破孔是军用飞机特有的一种损伤形式，当蒙皮出现破孔损伤时，以前主要采用堵盖法、贴补法、胶螺等方法进行修补，这些方法均存在不同程度的缺陷。搅拌摩擦焊接修补时，先将破孔切割成规则形状如圆形、矩形等，然后用 FSW 方法焊上一个与破孔形状和尺寸相同的补片，接头形式应采用斜面对接，以免影响飞机的气动性能。

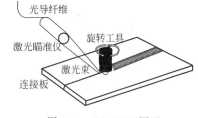
图 3-44　LB-FSW 原理

(5) 搅拌摩擦-激光复合焊接技术

激光辅助搅拌摩擦焊（LB-FSW）是最近新提出的搅拌摩擦焊技术，在搅拌摩擦焊中所需的热量来自搅拌头与工件之间的摩擦，需要很大的压力和夹紧力，这就导致了搅拌摩擦焊设备笨重、价格昂贵，搅拌头磨损率高。激光辅助搅拌摩擦焊使用激光作为辅助能源加热工件，可以降低搅拌摩擦焊的焊接成本，同时简化焊接设备。其原理是预先在转轴工作前方用能量为 700W 的多模 Nd：YAG 激光束对待焊工件进行预热（图 3-44），通过激光在转轴之前对材料的加热、软化，焊接时焊件在摩擦生热所需的压紧力即可大大减小，移动旋转轴的动力也可以大大减小，并且这种工艺的组合可以大大降低焊接工具（搅拌头）自身的损耗。

3.6　摩擦焊质量控制及检验

3.6.1　摩擦焊质量控制

(1) 连续驱动摩擦焊

1）连续驱动摩擦焊接头缺陷及其产生的原因　当接头两端金属材料已确定时，摩擦焊接的质量取决于焊接参数的合理选择以及焊接工艺过程的工艺控制。摩擦焊接头的主要缺陷及其产生原因见表 3-13。

表 3-13　摩擦焊接头的主要缺陷及其产生原因

缺陷名称	缺陷产生原因
接头偏心	焊机刚度低;夹头偏心;工件端面倾斜或在夹头外伸出量太大
飞边不封闭	转速高;摩擦压力太大或太小;摩擦时间太长或太短,以致顶锻焊接前接头中变形层和高温区太窄;停车慢
未焊透	焊前摩擦表面清理不良;转速低;摩擦压力太大或太小;摩擦时间短;顶锻压力小
接头组织扭曲	速度低;压力大,停车慢
接头过热	速度高;压力小;摩擦时间长
接头淬硬	焊接淬火钢时,摩擦时间短,冷却速度快
焊缝裂缝	焊接淬火钢时,摩擦时间短,冷却速度快
氧化灰斑	焊前工件清理不良;焊接振动;压力小;摩擦时间短;顶锻焊接前接头中的变形层和高温区窄
脆性合金层	焊接会产生脆性化合物的金属时,加热温度高;摩擦时间长;压力小

2）工艺参数控制

① 时间控制　时间控制通常是指摩擦时间控制,控制摩擦时间使其保持恒定。当焊件备料一致性较好,转速、压力等参数波动不大时,一般可获得稳定的焊接质量。其缺点是采用强规范（转速低、摩擦压力大、摩擦时间短）大批量生产时质量较差。

② 功率峰值控制　这种控制方法是依据功率峰值到稳定值的时间,来控制停车顶锻的起始时刻（摩擦加热功率峰值到稳定值之间相对应的时间基本不变）,从而控制接头的输入能量和加热功率。

实际上,由于加热功率的多峰值现象以及工艺参数的变化和工件表面状态的差异,会引起功率峰值到稳定值的时间不同。因而,这种控制方法的有效性有限。功率峰值控制主要应用于碳钢和低合金钢的强规范焊接。

③ 变形量控制　通常是指摩擦变形量控制,通过控制工件的摩擦变形量,使其等于稳定值来保证焊接质量。控制摩擦加热的变形量可使焊接工艺参数具有自动调节作用,同时为了克服由于工件表面状态和其他工艺参数变化对这种控制方法带来的不利影响,还可同时对摩擦时间进行监控。这个方法比时间控制方法要好,适用于钢材的弱规范焊接。

④ 温度控制　主要通过对工件表面温度的非接触测量而进行相应的控制（如停车和顶锻）,其关键是选择最佳焊接温度,提高测量温度及可再现性。

⑤ 交变参数复合控制　主要针对大截面工件的摩擦焊接,其核心是不同阶段采用不同的控制方案。在一级摩擦阶段,同时进行时间控制和压力控制（即时间和压力复合控制）;在二级摩擦阶段同时进行变形量和变形速度控制（变形量和变形速度复合控制）;在顶锻阶段同时进行压力控制和时间控制（时间压力复合控制）。图 3-45 是变参数复合控制流程图。

⑥ Mt 控制　图 3-46 是 Mt 控制法示意图。从功率达到最大值的 t_0 时刻起计算摩擦热量,当摩擦热量达到 Q_0 时的 t_m 时刻停止摩擦加热过程而进入顶锻过程,摩擦热量的控制可通过摩擦转矩 M 和摩擦时间 t 的积分运算来实现。该方法是从功率峰值控制的基础上发展起来的,其本质是能量控制法。

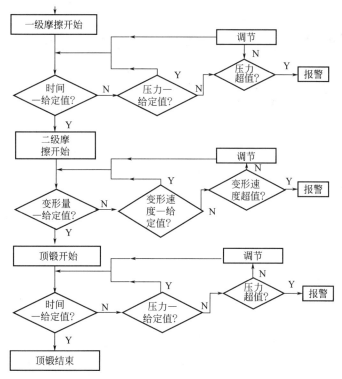

图 3-45 变参数复合控制流程图

（2）惯性摩擦焊

1）惯性摩擦焊接头缺陷及产生原因　惯性摩擦焊接头的主要缺陷及产生原因与连续驱动摩擦焊相类似，可参见表 3-13。

2）惯性摩擦焊工艺参数控制　惯性摩擦焊工艺参数较少，控制相对简单。对于特定的焊接材料，首先需要考虑材料的焊接特性所要求的焊接线速度和摩擦顶锻时间，实际焊接过程中主要表现为飞轮转动惯量的选择、飞轮起始焊接速度的设定以及焊接摩擦压力（包括顶锻压力）的控制。

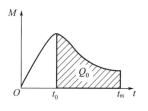

图 3-46　Mt 控制法示意图

惯性摩擦焊机的监控系统主要控制初始转速和摩擦压力两个参数，并监测转速、压力、长度缩短量等参数变化。

（3）搅拌摩擦焊

1）搅拌摩擦焊接头缺陷

搅拌摩擦焊是一种新型的固态焊接方法，适于焊接铝、镁及其轻合金。搅拌摩擦焊的工艺裕度比熔焊工艺宽松得多，但在焊接过程中出现工艺波动、装配不良或参数匹配不好时，也会产生自身固有的焊接缺陷。

① 未焊透　未焊透是搅拌摩擦焊接头中最常见的缺陷，是指在焊缝底部未形成连接或不完全连接而出现的"裂纹状"缺陷，未焊透的产生实际上是由于搅拌头长度不足、压力过小或装配偏差造成的。采用长度略小于接头厚度的搅拌头压入焊缝结合部，借助肩台与焊缝表面的摩擦加热和搅拌而形成连接。当装配良好时，搅拌头产生的金属向下塑性流动可完全填充未焊透处，但当装配出现偏差时，焊缝背面易形成可见的

图 3-47　搅拌摩擦焊未焊透缺陷

未焊透，如图 3-47 所示。

② 吻接　吻接是搅拌摩擦焊特有的焊接缺陷，典型特征是被连接材料之间紧密接触但并未形成有效的冶金结合。在搅拌摩擦焊过程中，由于摩擦热输入不足或焊接速度过快，造成前一层转移金属与后一层之间（或焊缝金属与前行边之间）虽然宏观上形成紧密接触，但在微观上并未形成可靠连接。这种缺陷会严重降低接头的性能和整体焊接结构的可靠性。

产生吻接缺陷的原因是搅拌头设计不合理、焊接速度过快或热输入过低。常规的外观检测方法很难发现这种缺陷，须采用超声波检测才能发现此类缺陷，所以这种缺陷的危害性很大，应引起关注。

③ 虫孔　类似于熔焊焊缝中的蠕虫状气孔。主要是由于搅拌摩擦焊过程中热输入不够，达到塑性流变状态的材料不足，焊缝金属因搅拌所形成的塑性流动不充分而形成的，常见于搅拌摩擦焊缝前行边一侧的焊趾部位。采用不带螺纹的柱状或锥状的搅拌头进行焊接时，也容易出现虫孔缺陷。焊缝表面附近虫孔方向与焊接方向一致，有时在焊缝长度方向上延伸较长。焊接速度过快、搅拌头转速过低、搅拌头设计不合理等会产生这种缺陷。

④ 焊缝黑线　如图 3-48 所示，搅拌摩擦焊焊缝中有时也会存在黑线缺陷，黑线的存在会使焊缝的力学性能急剧降低，是搅拌摩擦焊中最隐蔽的一种焊接缺陷。

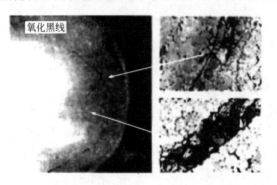

图 3-48　搅拌摩擦焊焊缝黑线缺陷

搅拌摩擦焊焊缝黑线产生的主要原因是被焊接材料表面氧化层太厚，焊接过程中搅拌头不能够将氧化皮完全破碎和使其弥散，密集的氧化颗粒在焊缝中呈面状或带状分布，造成焊缝接头的力学性能降低。所以，搅拌摩擦焊前对板材等表面进行适当去氧化皮的清理是非常必要的。

此外，搅拌头设计不合理，在焊接过程中不能将材料表面氧化层完全破碎和使其弥散分布，也是产生搅拌摩擦焊黑线的原因。

另外，应当注意的是焊缝黑线往往出现在焊后热处理的工艺过程中，所以这种缺陷的产生还与搅拌摩擦焊缝在热处理过程中脆化相的析出有直接的关系。

⑤ 摩擦面缺陷　其是指因搅拌头轴肩的摩擦作用而造成的焊缝表面不均匀、不连续缺陷，如沟槽、飞边等。

沟槽缺陷的特征是沿搅拌头的前行边形成一道可见的犁沟，常位于焊缝表面。沟槽形成的原因是由于焊接速度过快或压力过小，因而造成热输入偏低，搅拌头周围的金属塑态软化不充分所致。

飞边缺陷出现在焊缝表面，是由于焊接压力过大而导致较多的塑性材料从轴肩两侧挤出形成飞边。搅拌摩擦焊过程中，搅拌头轴肩、针部、未熔化的母材金属形成一个"挤压模"，塑性流变材料在"挤压模"中流动（材料体积不变）。如果焊接压力过大，也就是搅拌头扎入过深，会使"挤压模"体积小于正常焊接时的体积，导致部分塑性材料从轴肩两侧挤出，冷却后形成飞边缺陷。

⑥ 根趾部缺陷　指搭接或 T 形接头搅拌摩擦焊时，接头的根部和焊趾部位因未焊透而存在缺口，形成根趾部缺陷。对接搅拌摩擦焊时，如果背面出现未焊透现象，发生于搅拌头端部的未填充缺陷，也属于根部缺陷。这类缺陷是由于摩擦热输入不足造成的。搅拌头周围金属没有达到塑性状态，流动性差，易在根趾部位形成类似的缺陷。铝合金大厚度板搅拌摩擦焊由于在板厚方向存在较大的温度梯度，产生根趾部缺陷的倾向较大。

根据对搅拌摩擦焊工艺参数和接头组织性能的分析，很多因素能对搅拌摩擦焊接头缺陷产生影响，如搅拌头形状尺寸、搅拌头旋转速度和焊接速度、搅拌针扎入深度和倾斜角度、对接板间隙等。当工艺参数偏离最佳范围时，搅拌摩擦焊接头中会出现上述缺陷中的一种或数种。

搅拌摩擦焊接头中的缺陷具有明显的密集和微细特点，通常采用 X 射线、超声波无损检测以及金相观察等方法进行检测。高分辨率超声反射法对搅拌摩擦焊接头微细缺陷（如微细孔洞）有较好的检测能力，可通过分析超声波在焊缝区的声波入射角、缺陷取向和缺陷密集性对声波反射影响，确定缺陷的状态。

2）搅拌摩擦焊质量控制　搅拌摩擦焊是一种机械化的工艺方法，只要利用专用的焊接设备和优化的焊接参数进行焊接，其焊接质量就可以得到保证，所以搅拌摩擦焊被业界誉为"无缺陷"焊接方法。搅拌摩擦焊的质量控制有以下 8 个关键要素。

① 设备具有足够的结构刚度和制造精度　焊接开始时，搅拌头要在冷态状态下旋转着插入被焊接工件；搅拌摩擦焊过程中，搅拌头要持续向焊缝金属施加足够大的顶锻力。如搅拌摩擦焊接 6mm 厚度的 6082 铝合金材料时，测得的轴向焊接顶锻峰值压力为 37000kN，因此要求搅拌摩擦焊设备必须具备足够的结构刚度和强度，搅拌摩擦焊设备的承载能力大约是普通铣床的 5～10 倍。

同时，要实现搅拌摩擦焊并保证焊接质量，还要求搅拌摩擦焊设备具有一定的制造精度，至少要满足 0.1mm 的动态精度。

② 搅拌头与背面垫板之间的距离能够保持恒定　焊接过程中，被焊接工件的背面必须具有刚性支撑和垫板，能够对搅拌头与背面垫板之间的距离进行精确的位置控制且能够保持恒定。

③ 零件被刚性固定和夹紧　搅拌摩擦焊对接焊时，零件不仅承受巨大的轴向顶锻力，还承受相当大的侧向分开力，因此被焊接件要进行刚性固定和夹紧，才能保证被焊接件间的间隙。

④ 零件厚度均匀　对于搅拌摩擦焊，由于焊接过程中没有外部填充材料，因此被焊接板材的厚度均匀性对焊接质量也有较大的影响。一般要求被焊工件厚度要均匀，保持在一定的公差范围内。

⑤ 搅拌头能够实现恒压力控制　在筒形件环缝的搅拌摩擦焊中，由于在实际生产中被

焊接件在加工和定位中存在偏差，焊接过程中的搅拌头深度也不易精确控制等，很难对搅拌头和底部垫板之间的距离按照摩擦焊工艺要求进行精确控制；在长纵缝焊接过程中，由于设备的刚性和焊接时产生的较大变形，容易产生未焊透等缺陷，所以搅拌摩擦焊过程中要对搅拌头实施恒压力控制，才能保证焊接质量。

⑥ 选用合适的搅拌头　搅拌头是搅拌摩擦焊技术的"心脏"，搅拌头的材料和形状对焊接质量有重要影响。搅拌摩擦焊时需要根据材料的种类、被焊工件的结构和厚度选择合适的搅拌头来保证搅拌摩擦焊的焊接质量。

⑦ 优化焊接工艺参数　尽管搅拌摩擦焊工艺参数的裕度很大，但是，不同种类的铝合金所对应的搅拌摩擦焊工艺参数差别很大。所以，工件焊接前必须进行必要的工艺参数优化，只有最优化的焊接参数才能保证焊出最可靠的焊缝。

⑧ 控制系统能够对系统进行精确的传感和控制　搅拌摩擦焊是一种机械化工艺方法，必须能够对各个焊接参数进行精确的传感和控制，才能保证焊接质量。

3）缺陷修复——摩擦塞焊

搅拌摩擦焊从试验研究走向工程应用，在解决了接头缺陷检测后，还必须解决接头缺陷的修复问题。搅拌摩擦焊作为一种固态焊接方法，接头成形属于塑态再结晶连接，接头缺陷与熔化焊缺陷的成形机制、类型和分布有本质的不同。搅拌摩擦焊接头的强度系数远高于常规熔焊接头，采用何种方法修复搅拌摩擦焊接缺陷并保证接头的性能是值得重视的。

由于搅拌摩擦焊接头的强度系数非常高，常规的熔焊修复会显著降低接头的强度，不仅抵消了搅拌摩擦焊接头的性能优势，也为接头的设计带来困难。所以必须采用高质量的固态修复技术才能保证高的接头强度系数。摩擦塞焊技术为此提供了完善的工艺解决方案。

摩擦塞焊的工艺原理与过程如图 3-49 所示。摩擦塞焊由耗材摩擦焊衍生而来，是一种高效的固相修复技术。与熔焊修复工艺相比，摩擦塞焊具有高效、修复接头性能优异、残余应力与变形小等技术优势。采用摩擦塞焊工艺进行缺陷修复，其最大的优势在于一次焊补即可去除缺陷，修复合格率高达 100%。而熔焊方法修复往往需要反复几次打磨、焊接填充。摩擦塞焊消除了熔焊修复带来的局部变形和矫形工序，节省了修复时间，是搅拌摩擦焊接头理想的缺陷修复工艺。

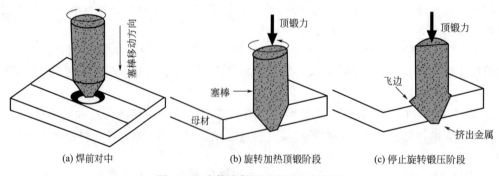

(a) 焊前对中　　　(b) 旋转加热顶锻阶段　　　(c) 停止旋转锻压阶段

图 3-49　摩擦塞焊的工艺原理与过程

摩擦塞焊技术还有效解决了搅拌摩擦焊用于小厚度构件环缝或封闭焊缝的匙孔修复问题，大大扩展了搅拌摩擦焊的应用范围。

3.6.2　摩擦焊质量检验

摩擦焊作为一种优质的固态焊接技术，一般情况下，其接头性能是相当可靠的，接头强度可以达到乃至超过母材的水平。但是，当接头中出现非理想结合的缺陷时，会使接头的抗断能力下降几倍甚至几十倍。如当"灰斑"面积为 $20\%\sim30\%$ 时，焊合区冲击功可下降 $70\%\sim80\%$，疲劳寿命下降 $25\%\sim50\%$。因此，对摩擦焊接头进行无损检测，对于保证焊件的性能与安全是十分重要的。

由于摩擦焊缺陷具有二维、弥散和近表面分布的特征，故应采用高聚焦性能和高分辨率的无损检测技术。目前，摩擦焊接头的无损检测主要以超声波和渗透检测技术为主，视觉检查为辅。表 3-14 给出了检验摩擦焊接头常用的方法及适用范围。

表 3-14　检验摩擦焊接头常用的方法及适用的缺陷范围

检验方法	摩擦焊接头缺陷	裂纹	未焊合	夹杂	金属间化合物	错叠	力学性能	硬度	化学成分	焊合区及热影响区
无损检测	超声波	✓	✓	✓						
	磁粉	✓	✓	✓						
	X 射线	✓	✓		✓					
	(荧光)渗透	✓	✓	✓						
	渗漏(气密性)	✓	✓							
	目测	✓	✓			✓				✓
	表面腐蚀	✓	✓	✓						✓
	加压或加载检验	✓	✓							
	声发射	✓	✓		✓					
	涡流	✓	✓	✓						
	测量尺寸					✓				✓
破坏检测	弯曲	✓	✓	✓	✓		✓			
	拉伸	✓	✓	✓			✓			
	扭转	✓	✓	✓			✓			
	冲击	✓	✓	✓	✓		✓			
	剪切	✓	✓	✓			✓			
	疲劳	✓		✓	✓		✓			
	硬度						✓	✓		✓
	断口	✓	✓	✓	✓					✓
	金相	✓	✓	✓	✓				✓	✓
	成分分析			✓	✓				✓	

GE 公司曾用 X 射线、荧光渗透和声发射检测方法检测摩擦焊接头质量，最后选择了脉冲-回波超声波检测方法。而 P&W 公司采用的是超声 C 扫描技术，所用探头为 $\phi127\mathrm{mm}$，10MHz 的锆钛酸铅晶片。荧光渗透检测也是一种有效手段，接头飞边把缺陷暴露到表面，尤其适用于表面检测技术。由于超声波检测设备简单，携带方便，对焊接接头中的裂纹类缺

陷敏感，因此超声波检测广泛应用于摩擦焊接头检测中。随着超声波检测向智能化、自动化发展，超声波检测在摩擦焊接头中的应用将更加广泛。

虽然无损检测效果较好，但普遍认为焊接质量控制的关键是工艺过程控制。目前，最可靠的检测方式仍然是破坏性解剖检查，或者使焊缝承受85%拉伸或扭转屈服强度的加载检验。

3.7 摩擦焊应用实例

目前我国摩擦焊技术的应用比较广泛，可焊接直径3.0～120mm的工件以及8000m² 的大截面管件，同时还开发了相位焊和径向摩擦焊技术，以及搅拌摩擦焊技术。不仅可以焊接钢、铝、铜，而且成功焊接了高温强度级相差较大的异种金属和异种钢，以及形成低熔点共晶和脆性化合物的异种金属，如高速钢、碳钢、耐热钢、低合金钢、不锈钢等。近年来我国航空航天事业的发展，加速了摩擦焊技术向这些领域的渗透，进行了航空发动机转子、起落架结构件、紧固件等材料的摩擦焊工艺试验研究。

(1) 45钢的接头组织和性能

45钢的摩擦焊接参数见表3-1和表3-2，接头的金属组织如图3-50所示，可以分为正火区、不完全正火区和回火区。正火区是接头金属被加热到850℃以上的区域，又称高温区，主要包括未被挤出的高速摩擦塑性变形金属以及在高温产生塑性变形的母材。该区组织通常是力学性能良好的索氏体，但接头加热时间太长或者太短时，也可能产生硬度很高的马氏体组织或晶粒粗大的过热组织。不完全正火区是接头金属被加热到723～850℃之间的区域，通常这个区域的金相组织是索氏体和铁素体组织。但是，当接头的加热和冷却速度太快时，也可能产生马氏体组织。回火区是接头金属被加热到723℃以下的区域，由于加热时间很短，其金相组织不产生明显变化。

对于上述规范下摩擦焊接头的质量检验表明，在焊缝中没有产生未焊透、夹杂、气孔、裂纹和金属过热等缺陷，接头的加热区很窄，拉伸试验断裂在母材，弯曲试验可达180℃，韧性高，焊接质量好。

(2) 铝-铜过渡接头的焊接

对于 φ8～50mm 铝-铜过渡接头，摩擦焊接参数如表3-1中的9所示。为了防止铝在焊接过程中的流失，以及铝、铜试件由于受压失去稳定而产生弯曲变形，采用如图3-51所示的模子对铝、铜进行封闭加热。接头的力学性能表明，静载拉伸大多断裂在铝母材一侧，并可以弯曲成180°。但是，如果焊接加热温度过高或加热时间过长，摩擦焊接表面的温度超过铝-铜共晶温度（548℃），甚至达到铝的熔点，在高温下容易形成大量的脆性化合物，使接头发生脆性断裂。

为了获得优质接头，可采用低温摩擦焊工艺，其规范参数如表3-1中的8所示。该工艺的特点是转速低，顶锻压力大。为了增大后峰的摩擦扭矩，增加接头的变形量，以达到破坏摩擦表面上的脆性合金薄层和氧化膜的目的。低温摩擦焊工艺可以控制摩擦表面的温度在460～480℃范围内，保证摩擦表面金属能充分发生塑性变形和促进铝-铜原子之间的充分扩散，不产生脆性金属间化合物，接头的力学性能高，热稳定性能也好。

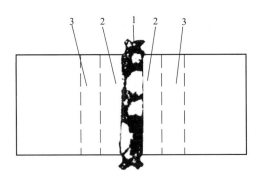

图 3-50　45 钢摩擦焊接头的金相组织

1—正火区；2—不完全正火区；3—回火区

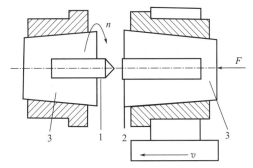

图 3-51　铝-铜摩擦焊接示意图

1—铜工件；2—铝工件；3—模子；n—铜工件转速；

F—轴向力；v—移动夹头进给速度

（3）高速钢-45 钢的焊接

高速钢和 45 钢焊接时，由于高速钢的高温强度高而热导率低，而 45 钢的高温强度差，为了控制 45 钢的变形和流失，提高摩擦压力，增大摩擦加热功率和保证接头外圆焊透，必须采用合适的模子，如图 3-52 所示。将 45 钢进行封闭加压，按照表 3-15 选择焊接参数。在摩擦加热过程中，随着摩擦加热时间的延长，接头温度升高，高速摩擦塑性变形层由高速钢和 45 钢的交界处向高速钢内部移动，形成了高速钢与高速钢的摩擦过程。因此，为了使接头产生足够的塑性变形和足够大的加热功率，必须提高摩擦压力和顶锻压力。应注意的是，为了防止接头的热裂纹，材料尽量选择不产生碳化物严

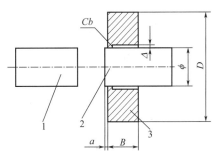

图 3-52　高速钢-45 钢摩擦焊接示意图

1—高速钢；2—45 钢；3—模子

重偏析的高速钢外，焊前应将高速钢进行完全退火，焊接时接头要均匀加热，使温度分布较宽，摩擦时间不能太短。焊后应进行缓冷，并立即在 750℃进行炉中保温，然后再进行退火。

表 3-15　高速钢-45 钢摩擦焊接参数

接头直径/mm	转速/(r/min)	摩擦压力/MPa	顶锻时间/s	顶锻压力/MPa	备注
14	2000	120	10	240	采用模子
20	2000	120	12	240	采用模子
30	2000	120	14	240	采用模子
40	1500	120	16	240	采用模子
50	1500	120	18	240	采用模子
60	1000	120	20	240	采用模子

（4）锅炉蛇形管的摩擦焊接

锅炉制造中，为了节省能量，采用材料为 20 钢、直径为 32mm、壁厚为 4mm 的蛇形管制造。在摩擦焊接时，由于管子长达 12m 左右，需要解决长管的平稳旋转、焊接质量稳定

和减少内毛刺等问题。

表 3-16 是焊蛇形管的焊接参数，焊接过程采用功率极值控制，最后快速停车、快速顶锻。采用上述焊接参数的接头内毛刺小，内外毛刺形状短粗，平整圆滑，抗拉强度达 510～550MPa，全部断在母材上，弯曲角达 130°。接头的金相组织表明，焊缝区为细晶粒索氏体和铁素体组织，没有发现任何缺陷，提高了接头寿命。用摩擦焊连续焊接了数十万个接头，每批以 3% 抽样进行破坏性检验，质量全部合格。

表 3-16 蛇形管的摩擦焊接参数（直径 32mm，壁厚 4mm）

转速/(r/min)	摩擦压力/MPa	摩擦时间/s	顶锻压力/MPa	接头变形量/mm	备注
1430	100	0.82	200	2.3～2.4	采用功率极值控制

(5) 石油钻杆的焊接

石油钻杆是石油钻探中的重要工具，它由带螺纹的工具接头与管体焊接而成。工具接头材料为 35CrMo 钢，管体材料为 40Mn2 钢。常用钻杆的焊接端面为 $\phi140mm \times 20mm$、$\phi127mm \times 10mm$。由于焊接面积大，焊接管体长，需要采用大型焊机。为了降低摩擦加热功率（特别是峰值功率），需采用表 3-17 的弱规范焊接。为了消除焊后的内应力，改善焊缝的金属组织和提高接头性能，必须进行焊后热处理。热处理规范选择为 500℃回火或 850℃正火＋650℃回火处理，或者采用 840℃淬火＋650℃回火处理，其力学性能见表 3-18。

表 3-17 石油钻杆的摩擦焊接参数（直径 140mm 和 127mm）

转速 /(r/min)	摩擦压力 /MPa	摩擦时间 /s	顶锻压力 /MPa	接头变形量 /mm	备注
530	5～6	30～50	12～14	摩擦变形量 12mm 顶锻变形量 8～10mm	钻杆工具接头焊接端面倒角

表 3-18 石油钻杆摩擦焊接头力学性能

接头直径 /mm	抗拉强度 /MPa	伸长率 /%	断面收缩率 /%	冲击韧度 /(J/cm²)	弯曲角 /(°)	焊后热处理规范
127	770	18.5	69	57	113	500℃工频回火
140	697	23.8	66.5	45	96	850℃正火＋650℃回火空冷

(6) 树脂基管道的线性摩擦焊接

近年来，随着热硬化性树脂材料的发展，树脂基管道在城市建设、石油化工等领域的应用越来越多，连接问题也比较突出。对于大型管道的现场安装，可采用线性摩擦焊的方法进行焊接。图 3-53 是树脂基管道的线性摩擦焊接示意图，采用振动夹头使待焊界面上下摩擦，当达到可以结合的温度后停止振动摩擦，施加顶锻压力进行焊接。树脂基管道线性摩擦焊接的主要参数是振动频率、振幅和顶锻压力。对于外径 216mm、壁厚 16mm 的管道，振幅可以选择 1mm 左右，振动频率在 150Hz 以下，接头的屈服强度可达 20MPa 以上，几乎与母材等强度，伸长率达到了母材的 72%。

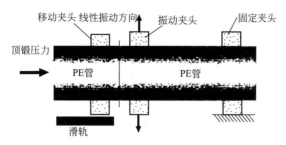

移动夹头 线性振动方向 振动夹头 固定夹头

顶锻压力

PE管 PE管

滑轨

图 3-53 树脂基（PE）管道的线性摩擦焊接示意图

思 考 题

1. 根据焊件相对运动形式，摩擦焊分为哪些方法？各自的原理是什么？

2. 简述摩擦焊的过程和摩擦焊工艺特点。

3. 摩擦焊接头形式有哪些？设计时应注意哪些因素？

4. 简述摩擦焊参数及其对接头质量的影响。

5. 如何对焊接参数进行检测？

6. 摩擦焊设备由哪几部分组成？各自有何作用？

7. 搅拌摩擦焊接头是怎样形成的，分为哪些部分？与熔焊相比有哪些不同？接头缺陷有哪些？怎样进行控制或修复？

8. 简述搅拌摩擦焊的工艺特点、工艺参数及其对接头质量的影响。

9. 搅拌摩擦焊设备主要由哪些部分组成？搅拌针有哪些形式？

10. 搅拌摩擦焊新技术有哪些？

11. 举例说明摩擦焊的应用。

第 **4** 章

扩 散 焊

近年来，随着新材料的广泛应用，在生产过程中经常出现材料本身或异种材料之间的连接问题。某些材料如陶瓷、金属间化合物、非晶态材料及单晶合金等可焊性差，用传统熔焊方法，很难实现可靠的连接。随着技术的发展，一些特殊的高性能构件的制造，往往要求把性能差别较大的异种材料，如金属与陶瓷、铝与钢、钛与钢、金属与玻璃等连接在一起，这也是传统熔焊方法难以实现的。现代工业生产不仅要连接金属，而且要连接非金属，或金属与非金属。因此连接所涉及的范围远远超出传统熔焊的范围。为了适应这种要求，近年来作为固相连接方法之一的扩散连接技术引起人们的重视，成为连接领域新的热点。这种技术已广泛用于航天、航空、仪表及电子等国防部门，并逐步扩展到机械、化工及汽车制造等领域。

 扩散焊原理及应用

4.1.1　扩散焊的概念及特点

扩散焊又称扩散连接，是把两个或两个以上的固相材料（或包括中间层材料）紧压在一起，置于真空或保护气氛中加热至母材熔点以下温度，对其施加压力使连接界面微观塑性变形达到紧密接触，再经保温、原子相互扩散而形成牢固的冶金结合的一种连接方法。扩散焊作为一种焊接方法，与其他焊接方法相比，其具有以下优点。

1）可焊材料多：扩散焊接时因基体不过热、不熔化，可以在不降低被焊材料性能的情况下焊接几乎所有的金属或非金属，特别适合于熔焊和其他方法难以焊接的材料，如活性金属、耐热合金、陶瓷和复合材料等。对于塑性差或熔点高的同种材料，以及不互溶或在熔焊时会产生脆性金属间化合物的异种材料，扩散焊是一种可靠的焊接方法。

2）接头质量好：扩散焊接头质量好，其显微组织和性能与母材接近或相同，焊缝无熔焊缺陷，无过热组织和热影响区。焊接参数易于精确控制，在批量生产时接头质量和性能稳定。

3）焊件精度高、变形小：焊接时所加压力较小，工件多是整体加热，随炉冷却，故焊件整体塑性变形很小，焊后的工件一般不需再进行机械加工。

4）可以焊接大断面工件：焊接所需压力小，故大断面焊接所需设备的吨位不高，易于实现。

5）可焊性好：可以焊接结构复杂、接头不易接近以及厚薄相差较大的工件，能对组装件中许多接头同时实施焊接。

扩散焊在具有以上优点的同时，受其焊接方法本身的特点所限制，也具有一定的局限性。

1）焊件表面的制备和装配质量的要求较高，对结合表面要求严格。

2）焊接热循环时间长，生产率低，对某些金属会引起晶粒长大。

3）设备一次性投资较大，且焊接工件的尺寸受到设备的限制，无法连续式批量生产。

综上所述，扩散焊接具有较多的优点，能够对很多材料进行焊接并形成良好的焊接接头，但其同时具有较多的缺点，因此，在实际操作过程中，应根据实际条件慎重选择。

4.1.2　扩散焊的分类

扩散焊的分类方法较多，首先根据所焊材料是否为同种，可以分为同种材料的扩散焊和异种材料的扩散焊。其中同种材料的扩散焊是指不加中间层的同种金属直接接触的一种扩散焊，其对待焊表面制备质量要求高，焊接时要求施加较大的压力，焊后接头组织与母材基本一致。对氧溶解度大的钛、铜、锆、铁等金属最易焊接，而容易氧化的铝及其合金、含铝、钛、铬的铁基及钴基合金则难焊。异种材料的扩散焊是指异种金属或金属与陶瓷、石墨等非金属之间直接接触的扩散焊，由于两种材质的物理和化学等性能存在差异，焊接时可能出现以下问题：

1）因线膨胀系数不同，导致结合面上出现热应力；

2）由于冶金反应在结合面上产生低熔点共晶或脆性金属间化合物；

3）因扩散系数不同，导致接头中形成扩散孔洞；

4）因电化学性能不同，接头可能产生电化学腐蚀。

根据是否加入中间层，扩散焊可以分为加中间层的扩散焊和不加中间层的扩散焊。加中间层的扩散焊是指在待焊材料界面之间加入中间层材料的扩散焊，该中间层材料通常以电镀层、喷涂或气相沉积层等形式使用，其厚度在 0.25mm 以下。中间层的作用是降低扩散焊的温度和压力，提高扩散系数，缩短保温时间，防止金属间化合物的形成等。中间层经过充分扩散后，其成分逐渐接近母材，此方法可以焊接很多难焊或在冶金上不相容的异种材料。

根据保护方式的不同，可以分为气体保护扩散焊、真空扩散焊和溶剂保护扩散焊。根据焊接原理的不同，可以分为固态扩散焊、瞬时液相扩散焊、超塑性成形扩散焊、烧结扩散焊、热等静压扩散焊等。其中固态扩散焊是指在金属不熔化的情况下，使两待焊表面紧密接触，达到相互原子间的引力，形成金属键，获得具有一定强度的接头的异种焊接方式。瞬间液相扩散焊也称过渡液相扩散焊或扩散钎焊，是一种具有钎焊特点的扩散焊，在待焊件表面之间放置熔点低于母材的中间层金属，在较小压力下加热，使中间层金属熔化、润湿并填充整个接头间隙成为过渡液相，通过扩散和等温凝固，然后再经过一定时间的扩散均匀化处理，从而形成焊接接头的方法。超塑性成形扩散焊是一种将超塑性成形与扩散焊联合起来的工艺，适用于具有相变超塑性的材料，如钛及其合金等的焊接，薄壁零件可先超塑性成形然后焊接，也可相反进行，次序取决于零件的设计，如果先成形，则使接头的两个配合面对在一起，以便焊接，如果两个配合面原来已经贴合，则先焊接，然后用惰性气体充压，使零件在模具中成形。热等静压扩散焊是利用热等静压技术完成焊接的异种扩散焊，焊接时将待焊工件安放在密封的真空盒内，将此盒放入通有高压惰性气体的加热釜中，通过电热元件加热，利用高压气体与真空盒中的压力差对焊件施以各向均衡的静等压力，在高温与高压共同作用下完成焊接过程，此法因加压均匀，不易损坏构件，适用于脆性材料的扩散焊。

4.1.3 扩散焊的应用

扩散焊适宜于焊接特殊材料或特殊结构，这类材料和结构在宇航、电子和核工业中应用很多，因而扩散焊在这些工业部门中的应用广泛。宇航、核能等工程中很多零部件是在极恶劣的环境下工作，如要求耐高温、耐辐射，其结构形状也比较特殊，如采用空心轻型蜂窝结构等，且它们之间的连接多是异种材料的组合。扩散焊成为制造这些零部件的优先选择。扩散焊适宜于各种材料的焊接。

1）钛合金：钛合金具有耐腐蚀、比强度高的特点，因而在飞机、导弹、卫星等飞行器的结构中被大量采用，扩散焊能够较好的连接钛合金，图 4-1 为钛合金典型结构的超塑性扩散焊示意图。

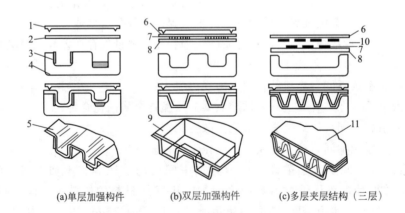

(a)单层加强构件　　　　(b)双层加强构件　　　　(c)多层夹层结构（三层）

图 4-1　钛合金典型结构的超塑性扩散焊示意图

1—上模密封压板；2—超塑性成形板坯；3—加强板；4—下成形模具；5—超塑性成形件；
6—外层超塑性成形板坯；7—不连接涂层区；8—内层板坯；9—超塑性成形的两层结构件；
10—中间层板坯；11—超塑性成形的三层结构件

2）铝及其合金：铝及其合金具有很好的传热与散热性能，利用扩散焊制成铝热交换器、太阳能热水器、电冰箱蒸发器等。

3）耐热钢和耐热合金：扩散焊可以焊接多种耐热钢和耐热合金，可以制成高效率燃气轮机的高压燃烧室、发动机叶片、导向叶片和轮盘等。

4）异种金属：扩散焊可以将非铁金属与钢铁材料焊在一起，如用 Ti 和耐热合金制成蒸汽轮机、高导无氧铜和不锈钢制成火箭发动机燃烧室的通道等。

5）非金属与金属：用扩散焊可将陶瓷、石墨、石英、玻璃等非金属与金属材料焊接，例如，钠离子导电体玻璃与铝箔或铝丝焊接成电子元件等。

4.2 扩散焊过程

固态扩散焊、瞬时液相扩散焊与超塑成形扩散焊是常用的扩散焊方法，下面对这三种扩散焊方法的过程及原理进行详细介绍。

4.2.1 固态扩散焊接过程

金属不熔化的情况下，要形成焊接接头就必须使两待焊表面紧密接触，达到相互原子间的引力作用范围 $[(1\sim5)\times10^{-8}\,cm]$ 以内，这样才可能形成金属键，获得具有一定强度的接头。一般金属通过精密加工后，其表面轮廓算数平均偏差为 $(0.8\sim1.6)\times10^{-4}\,cm$。真实的金属表面状态如图 4-2 所示。

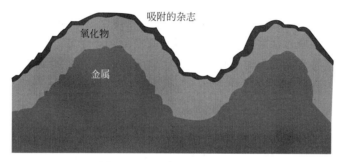

图 4-2 金属真实表面示意图

如图 4-3 所示，固态扩散焊接过程三个阶段如下。

第一阶段为物理接触（接触变形）阶段。高温下微观不平的待焊金属表面，在外加压力作用下，有一些点首先达到塑性变形，在持续压力作用下，接触面积逐渐扩大而最终达到整个面的可靠接触。

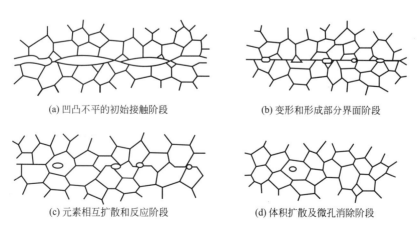

(a) 凹凸不平的初始接触阶段

(b) 变形和形成部分界面阶段

(c) 元素相互扩散和反应阶段

(d) 体积扩散及微孔消除阶段

图 4-3 固态扩散焊的过程

第二阶段是接触表面的激活界面推移阶段。通过原子间的相互扩散，形成牢固结合层，这个阶段一般要持续几分钟到几十分钟。

第三阶段是界面和孔洞消失，形成可靠接头阶段。在接触部位形成的结合层向体积方向发展，扩大牢固连接面消除界面孔洞，形成可靠连接。

上述三过程相互交叉进行，连接过程中可生成固溶体及共晶体，有时形成金属间化合物，通过扩散、再结晶等过程形成固态冶金结合，达到可靠连接。该过程不但应考虑扩散过程，同时应考虑界面生成物的性质，如性能差别较大的两种金属，在高温长时间扩散时，界面极易生成脆性金属间化合物，使接头性能变差。

4.2.2　瞬间液相扩散焊接过程

瞬间液相扩散焊（TLP）也称接触反应钎焊或者扩散钎焊，如果生成低熔点的共晶体，也称为共晶反应钎焊。其重要特征是夹在两待焊面间的夹层材料经加热后，熔化形成一极薄的液相膜，它润湿并填充整个接头间隙，在保温过程中通过液相和固相之间的扩散而逐渐凝固形成接头。如图 4-4 所示，具体过程也分为三个阶段：第一阶段是液相生成阶段，首先将中间层材料夹在焊接表面之间，施加一定的压力，然后在无氧化条件下加热，使母材与夹层之间发生相互扩散，形成少量的液相，填充整个接头缝隙（a）、（b）；第二阶段是等温凝固阶段，液-固之间进行充分的扩散，由于液相中使熔点降低的元素大量扩散至母材中，母材内某些元素向液相中溶解，使液相的熔点逐渐升高而凝固，形成接头（c）、（d）；第三阶段是均匀化阶段，可在等温凝固后继续保温扩散一次完成，也可在冷却后，另行加热来完成，获得成分和组织均匀化的接头（e）。

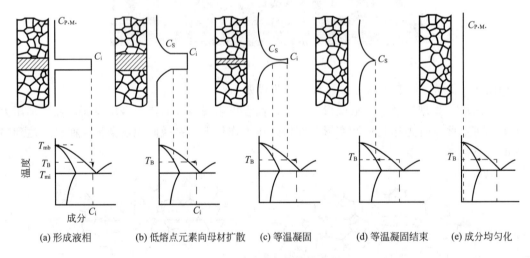

(a) 形成液相　　(b) 低熔点元素向母材扩散　　(c) 等温凝固　　(d) 等温凝固结束　　(e) 成分均匀化

图 4-4　瞬间液态扩散焊过程

磁控溅射镀膜是添加焊接中间层的一种方法，薄膜的沉积一方面能减少母材的表面粗糙度促进焊接面的充分接触，另一方面能够针对不同焊接体系实现多层复合中间层的添加。比如镁铝异种金属的扩散焊即以磁控溅射铜薄膜为中间层。

镁铝异种金属因其物理化学性质的差异，利用一般的焊接方法要实现其可靠连接十分困难，两种金属直接焊接主要存在的问题是：（a）镁、铝的活性很高，容易与空气中的氧气发生反应在表面形成一层氧化物膜，氧化物膜的存在不利于母材原子的相互扩散，导致焊接工艺难以控制；（b）镁与铝易相互反应，焊接接头界面区域生成大量高硬度脆性金属间化合物并出现分层现象，导致焊接接头强度不高。利用磁控溅射镀膜技术在焊接母材镁合金表面沉积一层致密度高、结晶性好，厚度均匀 Cu 薄膜，将 Cu 作为中间层实现了对镁/铝的真空低温扩散焊接。利用超声波显微镜、x 射线衍射、扫描电镜、电子探针等对焊接接头界面区域的显微结构及物相等进行了研究，研究结果表明，在镁合金基体上沉积的 Cu 薄膜主要以（111）、（200）晶向上生长，薄膜表面平整、均匀、致密；在扩散焊接工艺条件焊接温度 $T=455℃$、保温时间 $t=90min$、压力 $P=3MPa$ 下获得了质量较好的 Mg/Al 焊接接头。焊接接头界面区域由铝镁原子比分别为 3：2，1：1，12：17 三层镁铝系金属间化合物构成，接头断裂破坏发生在镁铝系化合物层，断口呈现明显的脆性断裂特征。

4.2.3　超塑成形扩散焊接过程

在一定的温度下，对于等轴细晶粒组织，当晶粒尺寸、材料的变形速率小于某一数值时，拉伸变形可以超过 100%、甚至达到数千倍，这种行为叫做材料的超塑性行为。从扩散焊连接理论可知，焊接界面的紧密接触和界面孔洞的消除与材料的塑性变形、蠕变及扩散过程关系密切。材料超塑性的发现，使人们联想到利用超塑性材料的高延展性来加速界面的紧密接触过程，材料的超塑性成形和扩散连接的温度在同一温度区间，因此可以把成形与连接放在一起进行，而构成超塑成形扩散连接工艺。用这种方法可以制造钛合金薄壁复杂结构件（飞机大型壁板、翼梁、舱门、发动机叶片），并已经在航天、航空领域得到应用，如波音 747 飞机上有 70 多个钛合金结构件就是应用这种方法制造的。用这种方法制成的结构件，质量小，刚度大，可减轻重量 30%，降低成本 50%，提高加工效率 20 倍。

该焊接方法的焊接过程如下：从连接初期的变形阶段，因为超塑性材料具有低流变应力的特征，所以塑性变形能迅速在连接界面附近发生，甚至有助于破坏材料表面的氧化膜，因而大大加速了紧密接触过程，实际上，真正促进连接过程的是界面附近的局部超塑性。超塑性材料所具有的超细晶粒，大大增加了界面区的晶界密度和晶界扩散的作用，显著增加了孔洞与界面消失的过程。

该焊接方法适用条件如下：

1）两母材都具有超塑性；

2）可以是只有一边母材具有超塑性；

3）或两母材均不具有超塑性时，只要插入具有超塑性特性的材料作为中间层，就可以实现超塑性连接。

4.3　扩散焊工艺参数

扩散焊焊接参数主要有焊接温度、焊接压力、保持时间、气氛环境，这些因素之间相互影响、相互制约，在选择焊接参数时应综合考虑。

4.3.1　焊前准备

（1）扩散焊的接头形式设计

扩散焊接头的形式比熔焊类型多，可进行复杂形状的接合，如平板、圆管、中空结构、

T 形及蜂窝等结构均可进行扩散焊，扩散焊的接头形式如图 4-5 所示。

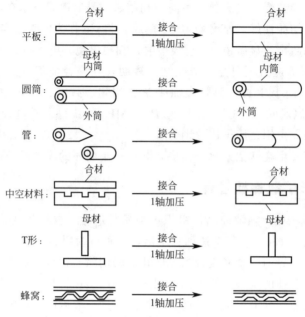

图 4-5 扩散焊的接头形式

（2）焊件表面的制备与清理

待焊表面状态对扩散焊接过程和接头质量的影响很大，特别是固态扩散焊，必须在装焊前认真准备。

表面机械加工：待焊表面要求达到平整光滑，为了使焊接间隙最小，微观接触点尽可能多。一般要求表面粗糙度值应达到 $Ra<2.5\mu m$。用精车、精刨（铣）、磨削、研磨、抛光等方法都可以加工出所需的表面平面度和粗糙度。若是采用加入软中间层的扩散焊或过渡液相的扩散焊，则粗糙度值可适当放宽。

表面净化处理：表面净化处理目的是清除氧化膜、油和吸附物。去除表面氧化物多用化学腐蚀方法，腐蚀速度不能过大，以防止产生腐蚀坑。当腐蚀至露出金属光泽，就立即用水冲净和烘干。除油可用乙醇、三氯乙烯、丙酮、洗涤剂等，也可采用在真空中加热的方法去除焊件表面的有机物、水、气体吸附层等。

清洗干净的待焊件应尽快组装焊接，如需长时间放置，则应对待焊件表面加以保护，可放在高纯度的惰性气体或置于真空容器内。

4.3.2 选择焊接参数的基本原则

扩散焊工艺参数的选择有以下基本原则。

1）选择利于扩散的晶格：材料的同素异构转变对扩散速率有很大的影响。常用的合金钢、钛、锆、钴等均有同素异构转变。在同一温度下 Fe 的自扩散速率在体心立方晶格 α-Fe 中比面心立方晶格 Y-Fe 中的扩散速率约大 1000 倍。显然，选择在体心立方晶格状态下进行扩散焊可以大大缩短焊接时间。

2）选择超塑性的母材：焊接温度在相变温度附近反复变动时可产生相变超塑性，利用相变超塑性也可以大大促进扩散焊过程。除相变超塑性外，细晶粒也对扩散过程有利。例如，当 Ti-6Al-4V 合金的晶粒足够细小时也产生超塑性，对扩散焊十分有利。

3）在中间层合金系中加入高扩散系数的元素，提高扩散速率。

4）异种材料焊接时，应降低焊接温度，可插入适当的中间层，以吸收应力、减小线膨胀。

4.3.3 工艺参数对焊接质量的影响

（1）焊接温度

焊接温度越高，扩散系数越大，金属的塑性变形能力越好，焊接表面达到紧密接触所需的压力越小，所获得的接头强度越高。但是，加热温度的提高要受到被焊材料的冶金和物理化学特性方面的限制，如再结晶、低熔共晶和金属间化合物的生成等。此外，提高加热温度还会造成母材软化，这些变化直接或间接地影响到扩散焊接过程及接头的质量。因此，当温度高于某一限定值后，再提高加热温度时，扩散焊接头质量不仅得不到提高，反而有所下降。不同材料组合的焊接接头，应根据具体情况，通过实验来确定焊接温度。表 4-1 为部分金属材料的扩散焊温度与熔化温度的关系。

表 4-1 金属材料的扩散焊温度与熔化温度的关系

金属材料	扩散焊温度 $T/℃$	熔化温度 $T_m/℃$	T/T_m
Ag	325	960	0.34
Cu	345	1083	0.32
70-30 黄铜	420	916	0.46
Ti	710	1815	0.39
20 钢	605	1510	0.40
45 钢	800,1100	1490,1490	0.54,0.74
Be	950	1280	0.74
质量分数为 2% 的镀铜	800	1071	0.75
Cl20-Ni10 不锈钢	1000,1200	1454,1454	0.68,0.83
Nb	1150	2415	0.48
Ta	1315	2996	0.44
Mo	1260	2625	0.48

选择温度时必须同时考虑到时间和压力，三者之间具有相互依赖关系。一般 T 升高使强度提高，增加压力和延长时间也可提高接头强度（如图 4-6 所示）。连接温度选择还要考虑到母材成分、表面状态、中间层材料以及相变等因素。

（2）焊接压力

扩散焊接时压力的主要作用是促使焊件表面产生塑性变形并达到紧密接触状态，使界面区原子激活，加速扩散与界面孔洞的弥合及消失，防止扩散孔洞的产生。

压力越大，温度越高，紧密接触的面积也越大，但不管压力多大，在扩散焊的第一阶段焊接表面无法达到 100% 的紧密接触状态，总有一小部分局部未接触的区域演变为界面孔洞。因此，在加压变形阶段，就要设法使绝大部分焊接表面达到紧密接触状态。图 4-7 为扩散焊压力与接头强度的关系，可见当压力增加到一定程度后，接头强度基本不再变化。扩散焊选用压力时，具有以下几个原则：

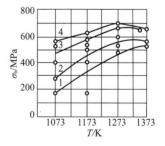

图 4-6 接头强度与连接
温度之间的关系

1—$P=5$MPa；2—$P=10$MPa；
3—$P=20$MPa；4—$P=50$MPa

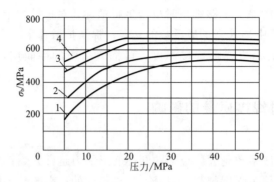

图 4-7　扩散焊接头强度与压力的关系

1—$T=800℃$；2—$T=900℃$；3—$T=1000℃$；4—$T=1100℃$

① 从经济角度考虑，应选择较低的压力。

② 通常扩散焊采用的压力在 0.5～50MPa 之间，表 4-2 为几种同种金属扩散焊常用的压力，可见热等静压扩散焊时所选用的压力远大于普通扩散焊。

③ 对于异种金属扩散焊，较大的压力对减小或防止扩散孔洞有良好作用。

④ 由于压力对扩散焊的第二、三阶段影响较小，在固态扩散焊时可在后期将压力减小，以便减小工件的变形。

表 4-2　同种金属扩散焊常用的压力

材料	碳钢	不锈钢	铝合金	钛合金
常规扩散焊压力/MPa	5～10	7～12	3～7	—
热等静压扩散焊压力/MPa	100	—	75	50

(3) 焊接时间

扩散焊接时间又称保温时间，是指被焊件在焊接温度下保持的时间。扩散焊所需的保温时间与温度、压力、中间扩散层厚度、接头成分及组织均匀化要求密切相关，也受材料表面状态和中间层材料的影响。扩散层深度或反应层厚度与扩散时间的平方根成正比。扩散连接接头强度与保温时间的关系如图 4-8 所示。也存在一个临界保温时间，接头强度、塑性、延伸率和冲击韧性与保温时间的关系均是先增大到一定程度后趋于稳定。

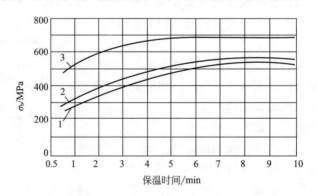

图 4-8　扩散焊接头强度与保温时间的关系

1—$T=800℃$；2—$T=900℃$；3—$T=1000℃$

扩散连接时间不宜过长，特别是异种金属连接形成脆性金属间化合物或扩散孔洞时，须避免时间超过临界连接时间。实际保温时间从几分钟到几个小时，甚至长达几十小时。从提高生产率看，保温时间越短越好，此时需提高温度和压力。

（4）环境气氛

扩散焊一般在真空或保护气氛环境下进行。真空度、保护气体纯度、流量和压力等均会影响扩散焊接头质量。真空度越高，净化作用越强，焊接效果越好。但真空度过高会增加生产成本，常用的真空度为（1～20）×10^{-3}Pa。

扩散焊中常用的保护气体是氩气，也可以采用高纯度氮气、氢气或者氦气。纯氢气气氛能减少氧化物形成，并在高温下使许多金属的表面氧化物层减薄。但气体纯度必须很高以防止造成重新污染。H 能与 Zr、Ti、Nb 和 Ta 形成氢化物，应注意避免。

（5）表面状态

表面清洁度和平整度是影响扩散连接接头质量的重要因素。常用表面处理手段如下：除油是扩散连接前的通用工序（酒精、丙酮、三氯乙烯）；机械加工、磨削、研磨和抛光（平直度和光滑度）使材料表面产生塑性变形，导致材料再结晶温度降低；采用化学腐蚀或酸洗，清除材料表面的非金属膜（最常见的是氧化膜）；有时也可用真空烘烤以获得洁净的表面（取决于材料及其表面膜的性质）。

（6）中间层

扩散焊时加入中间层的目的是促进扩散焊过程的进行，降低扩散焊连接温度、时间、压力，提高接头性能。其适用范围在于原子结构差别很大的异种材料扩散焊。中间层材料可采用箔、粉末、镀层、蒸镀膜、离子溅射和喷涂层等形式。通常中间层厚度不超过 100μm。但为了抑制脆性金属间化合物生成，有时故意加大中间层厚度使其以层状残留在连接界面，起隔离层作用。

中间层是比母材金属低合金化的改型材料，以纯金属应用较多。在固相扩散焊中，多选用软质纯金属材料作中间层，常用的材料为 Ti、Ni、Cu、Al、Ag、Au 及不锈钢等。例如，Ni 基超合金扩散焊时采用 Ni 箔作中间层，Ti 基合金扩散焊时采用 Ti 箔作中间层。液相扩散焊时，除了要求中间层具有上述性能以外，还要求中间层与母材润湿性好、凝固时间短、含有加速扩散的元素。对于 Ti 基合金，可以使用含有 Cu、Ni、Zr 等元素的 Ti 基中间层。对于铝及铝合金，可使用含有 Cu、Si、Mg 等元素的 Al 基中间层。对于 Ni 基母材，中间层须含有 B、Si、P 等元素。在陶瓷与金属的扩散焊中，活性金属中间层可选择 V、Ti、Nb、Zr、Ni-Cr、Cu-Ti 等。

在中间层的选择上，具有以下几个原则：

1）容易塑性变形；

2）含有加速扩散的元素，如硼、铍、硅等；

3）物理化学性能与母材差较被焊材料之间的差异小；

4）不与母材产生不良的冶金反应，如产生脆性相或共晶相；

5）不会在接头上引起电化学腐蚀问题。

4.3.4　扩散焊常见缺陷

扩散焊常见的焊接缺陷主要有裂纹、未焊透、残余变形、局部熔化及错位等，各缺陷产生的原因如表 4-3 所示。

表 4-3　扩散焊接头常见缺陷及产生的主要原因

缺陷	缺陷产生的原因
裂纹	升温和冷却速率太快,加热温度过高,加热时间太长,焊接表面加工精度低
未焊透	加热温度不够,压力不足,焊接保温时间短,真空度低;焊接夹具结构不正确或在焊接真空室里零件安装位置不正确;工件表面加工精度低
残余应力	加热温度过高,压力太大,焊接保温时间过长
局部熔化	加热温度过高,焊接保温时间过长;加热装置结构不合理或加热装置与焊件的相对位置不对
错位	焊接夹具结构不合适或在焊接真空室里工件安放位置不对,焊件错动

4.4　扩散焊设备

扩散连接是在一定的温度和压力下,经过一定的时间,连接界面原子间相互扩散,实现可靠的连接。在焊接时,必须保证连接面及被焊金属不受空气的影响,才能保证得到优质的接头。一般情况下,必须在真空或惰性气体介质中进行。现在应用最多的方法是真空扩散连接,它可以焊接活性金属,也可以焊接一般金属与非金属。真空扩散连接可以用高频、辐射、接触电阻、电子束及辉光放电等方法,对工件进行局部或整体加热。

4.4.1　真空扩散焊设备

如图 4-9 所示,真空扩散焊设备主要由真空系统、加热系统、加压系统、控制系统和冷却系统组成。

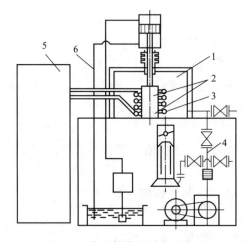

图 4-9　真空扩散焊设备示意图

1—真空室;2—被焊零件;3—高频加热线圈;4—真空抽气系统;5—高频电源;6—加压系统

真空系统,包括真空室、机械泵、扩散泵、管路、切换阀门和真空计。真空室的大小应根据焊接工件的尺寸确定,对于确定的机械泵和扩散泵,真空室越大,抽到设定真空度所需的时间就越长。一般情况下,机械泵能达到的真空度为 10^{-1} Pa,扩散泵可以达到 10^{-3} Pa～10^{-5} Pa 真空度。为了加快抽真空的时间,一般还要在机械泵和扩散泵之间增加一级增压泵

（也称罗斯泵）。

加热系统，高频感应扩散焊接设备采用高频电源加热，工作频率为 60～500kHz，由于集肤效应的作用，该类频率区间的设备只能加热较小的工件。对于较大或较厚的工件，为了缩短感应加热时间，最好选用 500～1000Hz 的低频焊接设备。感应线圈由铜管制成，内通冷却水，其形状可根据焊件的形状进行设计，一般为环状，线圈可选用 1 匝或多匝。电阻加热真空扩散连接设备采用辐射加热的方法进行连接，加热体可选用钨、钼或石墨材料。真空室中应有耐高温材料（一般用多层钼箔）围成的均匀加热区，以便保持温度均匀。

加压系统，为了使被连接件之间达到密切接触，扩散连接时要施加一定的压力。对于一般的金属材料，在合适的扩散连接温度下，采用的压强范围为 1～100MPa。对于陶瓷、高温合金等难变形的材料，或加工表面粗糙度较大，或当扩散连接温度较低时，才采用较高的压力。扩散连接设备一般采用液压或机械加压系统，在自动控制压力的扩散连接设备上，一般装有压力传感器，以此实现对压力的测量和控制。

控制系统，其主要实现温度、压力、真空度及连接时间的控制，少数设备还可以实现位移测量及控制。温度测量采用镍铬-镍铝、钨-铑、铂-铂铑等热电偶，测量范围为 293～2573K，控制精度范围为±（5～10）K。采用压力传感器测量施加的压力，并通过和给定压力比较进行调节。控制系统多采用计算机编程自动控制，可以实现连接参数显示、存储、打印等功能。

冷却系统，为了防止设备在高温下损坏，对扩散泵、感应加热线圈、电阻加热电极、辐射加热的炉体等应按照要求通水冷却。

4.4.2　电阻辐射加热真空扩散焊设备

采用辐射加热法的真空扩散焊设备结构示意图见图 4-10。

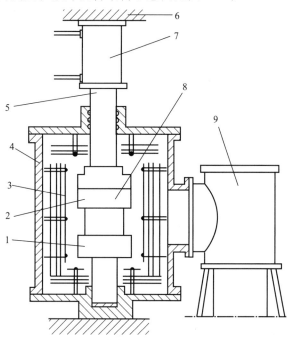

图 4-10　电阻辐射加热真空扩散连接设备结构原理示意图

1—下压头；2—上压头；3—加热器；4—真空炉体；5—传热杆；6—机架；

7—液压系统；8—工件；9—真空系统

4.4.3　超塑成形扩散焊设备

超塑成形扩散焊设备主要由压力机和专用加热炉组成。其示意图如图 4-11 所示。可分为两大类：一类是由普通液压机与专门设计的加热平台构成。加热平台由陶瓷耐火材料制成，安装于压力机的金属台面上。超塑成形扩散用模具及工件置于两陶瓷平台之间，可以将待焊接零件密封在真空容器内进行加热。另一类是压力机的金属平台置于加热设备内，其平台由耐高温的合金制成，为加速升温，平台内亦可安装加热元件。这种设备有一套抽真空供气系统，用单台机械泵抽真空，利用反复抽真空-充氢的方式来降低待焊表面及周围气氛中的氧分压。高压氢气经气体调压阀，向装有工件的模腔内或袋式毛坯内供气，以获得均匀可调的扩散焊压力和超塑成形压力。

4.4.4　热等静压扩散焊设备

热等静压扩散焊设备较为复杂，如图 4-12 所示。

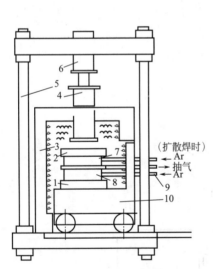

图 4-11　超塑成形扩散焊设备示意图

1—下金属平台；2—上金属平台；3—炉壳；4—导筒；

5—立柱；6—油缸；7—上模具；8—下模具；

9—气管；10—活动炉底

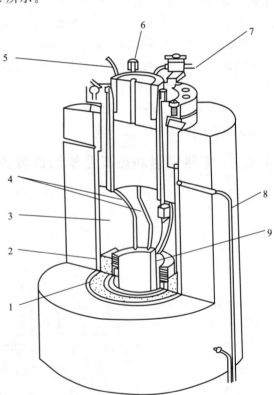

图 4-12　热等静压扩散焊设备示意图

1—电热器；2—炉衬；3—隔热层；4—电源引线；

5—惰性气体管道；6—安全阀组件；7—真空管道；

8—冷却管；9—热电偶

4.5　典型材料的扩散焊及其应用

扩散焊主要应用在一些特种材料、特殊结构的焊接中，如航天工业、电子工业、核工业等。扩散焊特别适合异种金属材料、耐热合金和陶瓷、金属间化合物、复合材料等新材料的接合，尤其是对于熔焊方法难以焊接的材料，扩散焊具有明显的优势，日益引起人们的重视。目前，扩散焊广泛应用于航空、航天、仪表及电子等国防部门，并逐步扩展到机械、化工及汽车制造等领域。下面对几种典型材料的扩散焊进行介绍。

4.5.1　钛合金的扩散焊

(1) 钛及其合金的性能及应用

钛及钛合金是一种比强度高、耐腐蚀、耐高温的高性能材料，适于制造重量轻，可靠性高的结构，目前广泛应用于航空、航天工业中，常用来制造压力容器、贮箱、发动机壳体、卫星壳体、构架、发动机喷管延伸段。

(2) 钛及其合金扩散焊特点

1) 焊件表面无需进行特殊的准备和控制：钛合金扩散焊时，钛表面的氧化膜在高温下可以溶解在母材中，在 5MPa 的气压下，可以溶解 TiO_2 达 30%，故氧化膜不妨碍扩散焊的进行。在相同成分的钛合金扩散焊的接头组织中没有原始界面的痕迹。

2) 在真空或 Ar 气保护下进行：钛合金能吸收大量的 O_2、H_2 和 N_2 等气体，故不宜在 H_2 和 N_2 气氛中进行扩散焊，应在真空状态或 Ar 气保护下进行。

3) 采用超塑成形扩散焊接：所选择的温度与通常扩散焊接所用的温度基本相同，但须注意压力与时间要匹配选择。

4) 原始晶粒度会影响接头质量：原始晶粒越细，焊接时间越短、施加的压力也越小。要求母材必须具有细晶粒组织。

(3) 钛合金常用焊接参数

一般的钛合金扩散焊接选用的焊接参数为：加热温度 1123～1273℃；保温时间 60～240min；压力 2～5MPa；真空度 $1.33×10^{-3}Pa$ 以上或在 Ar 气保护下焊接。对于大面积钛合金扩散焊，可采用加中间层进行扩散钎焊，中间层主要采用 Ag 基钎料、Ag-Cu 钎料、Ti 基钎料。由于 Cu 基钎料和 Ni 基钎料容易和 Ti 发生反应，形成金属间化合物，一般不作为中间层工钎料使用。

4.5.2　镍合金的扩散焊

(1) 镍合金的特点

镍合金具有优良的耐高温、耐腐蚀及耐磨损等性能，其熔焊时焊接性差，接头韧性远低于母材，因此较多地用扩散焊实现连接。

(2) 镍合金扩散焊特点

1) 焊接温度高或压力大：镍合金的高温强度高，变形阻力大，焊接时必须提高焊接温度或增大焊接压力。

2) 焊前准备要求高：镍合金表面含有 Ti 和 Al 的氧化膜，而且 Ni 在高温下也容易生成 NiO，这些氧化膜性能比较稳定，须仔细地进行焊前焊件表面准备。

3) 用纯镍作中间层：在焊接过程中，严格控制气氛，防止表面污染，通常还需要纯镍作中间层。

4) 扩散焊方法：镍合金扩散焊接时，可根据不同合金类型、结构形式选用直接扩散焊法、加中间层扩散焊法或液相扩散焊法。

(3) 镍合金扩散焊接的参数

镍合金扩散焊接的参数为：加热温度 $1093 \sim 1204 ℃$；保温时间 $10 \sim 120 \mathrm{min}$；压力 $2.5 \sim 15 \mathrm{MPa}$；真空度 $1.33 \times 10^{-2} \mathrm{Pa}$ 以上。实际焊接参数与零件的几何形状有关，要获得满意的焊接质量需根据实验结果确定。

4.5.3　高温合金的扩散焊

(1) 高温合金的特点

高温合金的热强性高，变形困难，同时又对过热敏感，因此必须严格控制焊接参数，才能获得与母材性能匹配的焊接接头。

(2) 高温合金扩散焊特点

1) 焊接温度高：高温合金扩散焊时，需要较高的焊接温度和压力，焊接温度约为 $(0.8 \sim 0.85) T_m$。

2) 焊接压力大：焊接压力通常略低于相应温度下合金的屈服应力。其他参数不变时，焊接压力越大，界面变形越大，有效接触面积增大，接头性能越好；但焊接压力过高，会使设备结构复杂，造价昂贵。焊接温度较高时，接头性能提高，但焊接温度过高会引起晶粒长大，塑性降低。

3) 焊前准备要求高：各类高温合金，如机械化型高温合金、含高 Al、Ti 的铸造高温合金等几乎都可以采用固相扩散焊接。高温合金中含有 Cr、Al 等元素，表面氧化膜很稳定，难以去除，焊前必须严格加工和清理，甚至要求表面镀层后才能进行固相扩散焊。

4) 以 Ni-35%Co 作中间层：含铝、钛的沉淀强化高温合金固态扩散焊时，由于结合面上会形成 Ti（CN）、Ni-TiO$_3$ 等析出物，造成接头性能降低。若加入较薄的 Ni-35%Co（质量分数）中间层合金，则可以获得组织性能均匀的接头，同时可以降低焊接参数变化对接头质量的影响。

4.5.4　陶瓷扩散焊

(1) 陶瓷与金属焊接的主要困难

陶瓷与金属连接构成的复合构件作为结构材料可以获得金属、陶瓷的性能互补，并降低复合材料的成本。但由于两者在物理和化学性质方面存在很大差异，故焊接上存在以下困难：

1) 它们的结晶结构不同，导致熔点差别较大。

2) 陶瓷晶体的强大键能使元素扩散极困难。

3) 它们的热膨胀系数相差悬殊，导致接头产生很大热应力，会在陶瓷侧产生裂纹。

4) 结合面产生脆性相，玻璃相会使陶瓷性能减弱，所以难于用常规的熔焊方法实现连接，目前广泛采用的是扩散焊接和钎焊。钎焊所面临的问题是如何改善钎料对母材的润湿性和提高接头的高温强度和高温稳定性而扩散焊接被认为是陶瓷与金属连接的较佳方法，其显著特点是接头质量稳定，连接强度高，接头高温性能和耐腐蚀性能好。

(2) 陶瓷与金属的扩散焊接现状

扩散焊接适用于各种陶瓷与各种金属的连接。其显著特点是接头质量稳定，连接强度高，接头高温性能和耐腐蚀性能好。因此，对于高温和耐蚀条件下的应用来讲，扩散焊接是陶瓷与金属连接最适宜的方法。

在陶瓷与金属的扩散焊接中，为缓解因陶瓷与金属的热膨胀系数不同而引起的残余应力以及控制界面反应，抑制或改变界面反应产物以提高接头性能，常采用中间层：

1）为缓解接头的残余应力，中间层可采用单一的软金属，也可采用多层金属。软金属中间层有 Ni、Cu 及 Al 等，它们的塑性好，屈服强度低，能通过塑性变形和蠕变变形来缓解接头的残余应力；

2）从控制界面反应出发，可以选择活性金属中间层，也可以采用粘附性金属中间层。活性金属中间层有 V、Ti、Nb、Zr、Hf、Cu-Ti 及 Ni_2Cr 等，它们能与陶瓷相互作用，形成反应产物，并通过生成的反应产物使陶瓷与被连接金属牢固地连接在一起。粘附性金属中间层有 Fe、Ni 和 Fe-Ni 等，它们与某些陶瓷不起反应，但可与陶瓷组元相互扩散形成扩散层。

近年来，采用功能梯度材料作中间层焊接陶瓷/金属，焊接接头性能得到更大程度的改善。此外，为改进陶瓷的焊接性，预先对陶瓷表面进行金属化，再扩散焊接陶瓷与金属，接头强度也大大提高，如 AlN 与 Cu 和 FeNi42 的连接。

（3）陶瓷与金属扩散焊接技术的应用

陶瓷与金属的异种材料焊接构件在航空航天领域具有广泛的应用前景。陶瓷及陶瓷基复合材料是高性能涡轮发动机高温区极好的结构材料，有可能用于燃烧室、火焰稳定器、机匣、涡轮叶片和尾喷口调节片等，被认为是未来先进航空发动机的关键材料。有资料报道，单晶技术的引入仅将材料的工作温度提高 50℃，而陶瓷材料约可提高 400℃，到 2010 年为止，陶瓷材料已占航空发动机总重的 20% 左右。但由于影响陶瓷/金属扩散焊接的因素很多，诸如中间层的选择、中间层厚度、被连接表面形状等，都有可能影响扩散焊接头的质量，这些问题有待进一步研究。

4.5.5 常用材料扩散焊的焊接参数

实际生产中，焊接参数的确定应根据焊接试验所得接头性能选出一个最佳值或最佳范围。常用材料扩散焊的焊接参数如表 4-4～表 4-6 所示。

表 4-4 同种材料不加中间层的扩散焊的焊接参数

序号	被焊材料	加热温度/℃	保温时间/min	压力/MPa	真空度/Pa（或保护气氛）
1	2Al4 铝合金	540	180	4	
2	TC4 铝合金	900～930	60～90	1～2	$1.33×10^{-3}$
3	Ti_3Al 铝合金	960～980	60	8～10	$1.33×10^{-5}$
4	Cu	800	20	6.9	还原性气氛
5	H72 黄铜	750	5	8	—
6	Mo	1050	5	16～40	$1.33×10^{-2}$
7	Nb	1200	180	70～100	$1.33×10^{-3}$
8	Ni	1273	10	15	$1.33×10^{-2}$
9	GH3044	1473	6	20	$1.33×10^{-2}$
10	GH4037	1348	20	20	$1.33×10^{-2}$
11	GH2130	1273	10		$1.33×10^{-2}$

表 4-5   同种材料加扩散层扩散焊的焊接参数

序号	被焊材料	中间层	加热温度/℃	保温时间/min	压力/MPa	真空度/Pa（或保护气氛）
1	5A06 铝合金	5A02	500	60	3	$5×10^{-3}$
2	Al	Si	580	1	9.8	—
3	H62 黄铜	Ag+Au	400~500	20~30	0.5	—
4	1Cr18Ni9Ti	Ni	1000	60~90	17.3	$1.33×10^{-2}$
5	K18Ni 基高温合金	Ni-Cr-B-Mo	1100	120	—	真空
6	CH41	Ni-Fe	1178	120	10.3	—
7	CH22	Ni	1158	24	0.7~3.5	—
8	CH188 钴基合金	97Ni-3Be	1100	30	10	—
9	Al_2O_3	Pt	1550	100	0.03	空气
10	95T 陶瓷	Cu	1020	10	14~16	$5×10^{-3}$
11	SiC	Nb	1123~1790	600	7.26	真空
12	Mo	Ti	900	10~20	68~86	—
13	Mo	Ta	915	20	68.6	—
14	W	Nb	915	20	70	—

表 4-6   几种常见异种金属或金属与非金属真空扩散焊接参数

连接材料	温度/℃	压力/MPa	时间/h	中间层材料
TC4-B/Al	520~570	10~15	1	无
Al-Cu	520~530	10	1	无
Ti-Cu	900~930	1.5~3.5	5	Ag 箔
Al-不锈钢	350~400	14~18	0.5	镀 Ag
Cu-耐热钢	920~930	0.5~1.0	0.5	镀 Ag,镀 Cu
石墨-耐热钢	1100	12	1	α-Fe 箔
铸铁-耐热钢	900~1000	12~15	1	镀 Ni
Si4N4-316 不锈钢	1200	10	0.5	Fe 箔＋W 箔

思 考 题

1. 简单介绍扩散焊的概念及优缺点。
2. 简单介绍扩散焊的分类。
3. 简单介绍固态扩散焊的焊接原理。
4. 简单介绍瞬时液相扩散焊的焊接原理。
5. 简单介绍超塑成形扩散焊的焊接原理。
6. 扩散焊焊接工艺参数都有哪些？其对接头性能的影响如何？
7. 扩散焊时加入中间层的作用、原则分别是什么？以及如何选择中间层？
8. 真空扩散焊设备都由哪些部分组成？并简单介绍下各部分的特点。
9. 简述钛合金扩散焊的特点并介绍其扩散焊的焊接参数。
10. 简述镍合金扩散焊的特点并介绍其扩散焊的焊接参数。
11. 简述高温合金扩散焊的特点并介绍其扩散焊的焊接参数。

第5章

超声波焊

　　超声波是指频率高于 20000Hz 的声波，超声波具有很强的直线传播能力，尤其是在金属中传播衰减很小并能反射。将超声波用于某些金属的焊接，就是超声波焊。

　　超声波焊（ultrasonic welding，UW）是两焊件在压力作用下，利用超声波的高频振荡使焊件接触表面产生强烈的摩擦作用，以清除表面氧化物并加热而实现焊接的一种压焊方法。

　　利用超声波振动进行连接的可能性，是在二十世纪四十年代偶然发现的。事情发生在某些实验工作中，当时是用超声波来改善普通电阻点焊时的晶粒组织。然而，偶然的机会使主焊接电流未被接通，不过电极仍对工件施加了正常的压力和超声波振动。后来发现，尽管如此，仍旧形成了焊点。这项发现之后不久，在欧洲对整个过程开展了详尽的研究，最终导致超声波焊接技术的出现。

　　超声波焊接是一种不使用钎剂和填充金属的固态焊接方法，加热温度较低，变形较小。焊接温度一般都低于该金属的熔点，原子结合和扩散发生在材料的半固态和固态，加热时，表面清理比材料的熔化对焊接的影响更大。

　　超声波焊主要用于电子、火箭、原子能反应堆等工业。超声波可焊材料范围广，某些熔焊方法很难焊接的金属，如钼、锆、钨等均可用超声波进行焊接。它还适用于异种金属材料的焊接、金属与非金属材料的焊接、塑料的焊接以及有绝缘层和防腐层的金属的焊接。

5.1　超声波焊原理

5.1.1　超声波焊接原理

　　超声波焊接原理如图 5-1 所示，焊件 5 被夹持在上声极 4 和下声极 6 之间。上声极用来向焊件输入超声波的弹性振动能量，而下声极则用来施加静压力。上声极所传输的超声波的弹性能量是通过一系列能量转换及传递环节而产生的。其中超声波发生器 1 是一个变频装置，将工频电流改变为超声波频率（16～18kHz）的振荡电流。换能器 2 则利用"磁致伸缩效应"转换成图中 D 方向弹性机械振动能。聚能器 3 是用来放大振幅并耦合负载。由换能器、聚能器、上声极等共同构成一个整体，称声学系统。该系统中各个组元的自振频率，将按同一个频率设计。当发生器的振荡电流频率与声学系统的自振频率一致时，系统即产生谐振（共振），并向焊件输出弹性振动能。

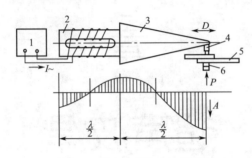

图 5-1　超声波焊接方法原理

1—超声波发生器；2—换能器；3—聚能器；4—上声极；5—焊件；6—下声极；
I—振荡电流及直流磁化电流；P—静压力；D—弹性振动方向；A—振幅的分布

焊件就是在静压力及弹性振动能的共同作用下，将弹性机械振动能转变成焊件间的摩擦功、形变能和随之而产生的温升，接触面温度快速上升，材料的变形抗力下降，工件间接触表面的塑性流动不断进行，使已被破碎的氧化膜继续分散，塑性流动甚至深入到工件材料的内部，促使纯净金属表面的原子接近到能发生引力作用的范围内，较高的表面晶体能以及一定程度的扩散过程，促进了高温变形的焊接区再结晶现象的发生，从而实现焊接。

在整个焊接过程中，没有电流流过焊件，也没有外加高温热源，被焊材料并不发生熔化，也不使用焊剂和填充金属，是一种特殊的固态压焊方法。但是，用高倍透射电子显微镜分析铝、铜超声波焊接接头的组织时，发现焊接界面上存在局部熔化现象，故不能排除局部熔化作为超声波焊接一种可能的连接机理。

目前超声波焊接所用的振动能量由 0～25W，使用的振动频率为 16～18kHz。导入焊件表面的位移振幅值是 10～40μm，施加到焊件上的静压力由 100～5000N。

5.1.2　超声波焊接头形成机理

由于超声波焊接头区呈现出错综复杂的显微组织，因此，对接头的形成机理尚有不同的看法，一般认为：

1）在金属与非金属之间的焊接中，两焊件接触处形成塑性流动层，在结合面上发生犬牙交错的机械嵌合，对接头连接强度起到非常有利的作用。

2）在金属材料之间的焊接过程中，由摩擦造成焊件间发热（温升达被焊材料熔点的35%～50%）和强烈塑性流动，引起了物理冶金反应，在结合面上有共同晶粒产生，存在再结晶、扩散、相变或金属化合物析出的现象，是一种冶金结合。

3）在摩擦功作用下，强烈的变形和塑性流动，使氧化膜去除或破碎，为纯净金属表面之间的接触创造条件。而连续的超声弹性机械振动以及温升，又进一步造成金属晶格上的原子处于受激状态，当金属原子相互接近到原子间距时，即产生金属键合过程。

4）超声波焊接时，微区焊接温度很难精确测量，不能排除微区中出现局部熔化现象。可以认为，超声波焊接时，界面薄层或局部发生了短时熔化及随后的高速冷却过程。

超声波焊接过程经历了三个阶段。

一是振动摩擦阶段。由于上声极的超声振动，使其与上焊件之间产生摩擦而造成暂时的连接，然后通过它们直接将超声振动能传递到焊件间的接触表面上，在此产生剧烈的相对摩擦，由初期个别凸点之间的摩擦逐渐扩大到面摩擦，同时破坏、排挤和分散表面的氧化膜及其他附着物。

二是温度升高阶段。在继续的超声波往复摩擦过程中，接触表面温度升高（焊区的温度约为金属熔点的 35%～50%），变形抗力下降，在静压力和弹性机械振动引起的交变切应力的共同作用下，焊件间接触表面的塑性流动使已被破碎的氧化膜继续分散，甚至深入到被焊材料内部，促使纯金属表面的原子接近到原子能发生引力作用的范围内，出现原子扩散及相互结合，形成共同的晶粒或出现再结晶现象。

三是固相结合阶段。随着摩擦过程的进行，微观接触面积越来越大，接触部分的塑性变形也不断增加，焊接区内甚至形成涡流状的塑性流动层，见图 5-2，出现工件表面之间的机械咬合。工件初期咬合较少，咬合面积小，结合强度不高，很快被超声波机械振动所产生的切应力破坏。但随着摩擦过程的进行，咬合的点数不断增加，咬合的面积不断扩大。当焊接面的结合力超过上声极与上工件表面之间的结合力时，则上声极与上工件将在振动造成的切力作用下分离，工件之间不再被振动产生的切应力切断，从而形成牢固的焊接接头。

超声波焊接接头的形成主要由振动剪切力、静压力和焊区的温升三个因素所决定，它们之间相互影响、相互制约，并与焊件的厚度、表面状态及其常温性能有关。

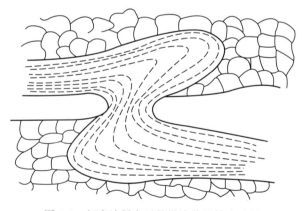

图 5-2　超声波焊点区的涡流状塑性流动层

5.2　超声波焊接分类及特点

5.2.1　超声波焊分类

5.2.1.1　按照超声波弹性振动能量传入方向

按照超声波弹性振动能量传入焊件的方向不同，超声波焊可分成两类。

1）振动能由切向传递到焊件表面而使焊接处界面之间产生相对摩擦，这种方法适用于金属材料的焊接，如图5-3（a）所示。

2）振动能由垂直于焊件表面的方向传入焊件，如图5-3（b）所示，这一类主要用于塑料焊接。

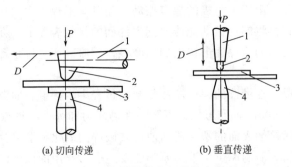

(a) 切向传递　　　　　(b) 垂直传递

图 5-3　超声波焊接的两种基本类型

1—聚能器；2—上声极；3—工件；4—下声极；D—振动方向

5.2.1.2　按接头形式分

超声波焊接的接头必须是搭接接头，根据金属超声波焊接接头形式不同可分为点焊、缝焊、环焊和线焊四种，近年来，双振动系统的焊接和超声波对焊也有一定的应用。

（1）点焊

点焊是应用最多的一种形式。

焊接时工件是在圆柱状的上下声极压紧下完成焊接的，每次焊一个焊点，见图5-4。按能量传递方式分，点焊分单侧式和双侧式两类。当超声振动能量只通过上声极导入时为单侧式点焊；分别从上、下声极导入时为双侧式点焊。双侧式导入的振动方向可以是平行的，也可以是相互垂直的，其频率和功率可以不同，目前应用最广泛的是单侧导入式点焊。另外，还有一种便携式超声波点焊钳，它可在远离超声波发生器的地方施焊，便于特殊的焊接位置或装配等需要。

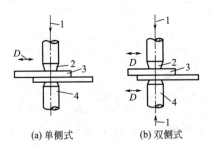

(a) 单侧式　　　　　(b) 双侧式

图 5-4　超声波点焊

1—静压力；2—上声极；3—焊件；4—下声极；D—振动方向

按上声极的振动状况分为纵向振动系统（轻型结构）、弯曲振动系统（重型结构）以及介于两者之间的轻型弯曲振动系统等几种，见图5-5。轻型结构用于功率小于500W的小功率焊机，重型结构适用于千瓦级大功率焊机。

（2）缝焊

缝焊和电阻焊中的缝焊类似，它实质上是由局部相互重叠的焊点形成一条有密封性的连续焊缝。

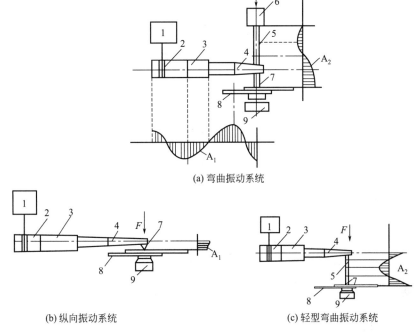

(a) 弯曲振动系统

(b) 纵向振动系统　　　　　　　　(c) 轻型弯曲振动系统

图 5-5　超声波点焊的几种类型

A_1—纵向振幅变化曲线；A_2—弯曲振幅变化曲线；

1—发生器；2—换能器；3—传振杆；4—聚能器；5—耦合杆；6—静载；

7—上声极；8—工件；9—下声极

　　焊接时工件夹持在盘状上下声极之间，连续焊接获得密封的连续焊缝，见图 5-6。也和点焊类似，可以从单侧导入和双侧导入振动能量。除了能采用纵向振动系统和弯曲振动系统外，还可以采用扭转振动系统，见图 5-7。扭转振动系统中振动方向与焊接方向平行。实际生产中以弯曲振动系统应用最广，因为有较好的工艺及技术性能。

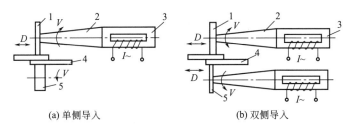

(a) 单侧导入　　　　　　　　　　(b) 双侧导入

图 5-6　超声波缝焊的工作原理图

1—盘状上声极；2—聚能器；3—换能器；4—焊件；5—盘状下声极

D—振动方向；V—旋转方向；I—超声波振荡电流

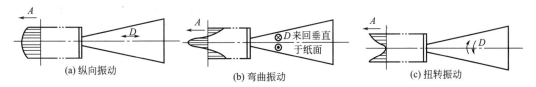

(a) 纵向振动　　　　　　　(b) 弯曲振动　　　　　　(c) 扭转振动

图 5-7　超声波缝焊的振动系统形式

A—焊盘上的振幅分布；D—聚能器上的振动方向

在特殊情况下，可以采用平板式下声极。

（3）环焊

环焊是在一个焊接循环内形成一个封闭焊缝，这种焊缝一般是圆环形的，也可以是正方形、矩形或椭圆形的。上声极的表面按所需的焊缝形状制成，它在与焊缝平面相平行的平面内作扭转振动。环焊主要适用于微电子器件的封装工艺。

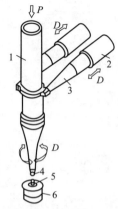

焊件被夹持在环形上声极与下声极之间，静压力沿轴向施加到焊件上，一次焊成封闭状的焊缝，见图 5-8。采用的是二个反相同步换能器及聚能器的扭转振动系统。传振杆在两个切向输入的相位差为 $180°$ 的纵向振动驱动下，一推一拉从而产生扭转振动。上声极轴心区振幅为零，而边缘振幅最大。所以此焊接方法很适于微电子器件的封装。有时环焊也用于对气密性要求特别高的直焊缝的焊接，用来代替缝焊。

图 5-8 超声波环焊的工作原理图
1—传振杆；2—换能器；3—聚能器；
4—上声极；5—焊件；6—下声极
P—静压力；D—振动方向

（4）线焊

线焊是利用线状上声极，在一个焊接循环内形成一条狭窄的直线状焊缝，声极长度即线状焊缝的长度，可达 150mm，主要用来封口。

线焊是点焊的变形，使用的是线状上声极，现在一次可以焊出 150mm 长的线状焊缝。最适用于需要线状封口的箔片焊件，见图 5-9。

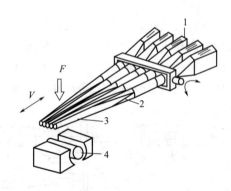

图 5-9 超声波线焊原理示意图
1—换能器；2—聚能器；3—125mm 长焊接声极头；4—焊接夹具

（5）双超声波振动系统的点焊

图 5-10 是采用两个不同频率的振动系统来完成一个焊点的点焊示意图，上下两个振动系统的频率分别为 27kHz 和 20kHz（或 15kHz），上下振动系统的振动方向相互垂直，焊接时二者作直交振动。当上下振动系统的电源各为 3kW 时，可焊铝件的厚度达 10mm，焊点强度达到材料本身的强度。

双超声波振动系统多用于集成电路和晶体管细导线的焊接，虽然焊接方法与点焊基本相同，但焊接设备复杂，要求设备的控制精度高，以便实现焊点的高质量和高可靠性焊接。

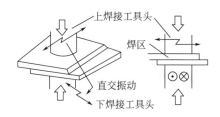

图 5-10　采用两个振动系统的超声点焊示意图

(6) 超声波对焊

超声波对焊主要用于金属的对接，是近年来开发的一种新方法，其原理见图 5-11。焊接设备由上下振动系统、提供接触压力的液压源和焊件夹持装置等部分组成。左边焊件的一端由夹具固定，另一端加在上、下振动系统之间做超声振动；右焊件端面与左焊件端面对接，并由夹具夹紧，接触压力加在右侧焊件上。焊接时，在超声振动的作用下即可把两个焊件在端面焊接在一起。应注意，焊接装置的上、下振动系统的振动相位必须相反，上振动系统可以是无源的。采用频率为 27kHz 的该类焊接装置可以焊接 6～10mm 厚的铝板、6mm 厚的铜板＋铝板。目前可以实现 6mm 厚、100～400mm 宽铝板的对接。

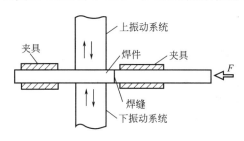

图 5-11　超声波对焊示意图

5.2.2　超声波焊接特点

(1) 优点

① 焊件不通电，不外加热源，焊接过程中不出现宏观的气相和液相，因而不致出现任何铸态熔核或脆性金属化合物，也不会发生像电阻焊时易出现的熔融金属的喷溅。因此，对高热导率和高电导率的材料如铝、铜、银等，超声波焊接很容易，而用电阻焊则很困难。

② 焊区金属的物理和力学性能不发生宏观的变化，其焊接接头的静载强度和疲劳强度都比电阻焊的高，且稳定性好。单点焊点的剪切强度平均比电阻点焊高 15%～25%。这主要是由于超声波焊点不存在熔化及受高温的影响。

③ 可焊的材料范围广，可用于金属与金属间的焊接，尤其是对高导电、高导热性的材料和一些难熔金属。也可用于性能相差悬殊的异种金属焊接，以及金属与非金属、塑料的焊接。

④ 特别适用于金属箔片、细丝以及微型器件的焊接。可焊接厚度只有 0.002mm 的金箔及铝箔。因是固态焊接，不会有高温氧化、污染和损伤微电子器件，所以半导体硅片与金属丝（Au、Ag、Al、Pt、Ta 等）的精密焊接最为适用。

⑤ 可以用于焊接厚薄相差悬殊以及多层箔片等特殊焊件。超声波焊接所需的功率仅由上工件的厚度及物理性能来确定，而下工件的厚度几乎不受限制。因此，特别适用于厚薄相

差较大的接头形式，如热电偶丝焊接、电阻应变片引线及电子管的灯丝的焊接等。多层叠合的铝箔、银箔也可以进行焊接。

⑥ 焊前表面准备工作比较简便。因为超声波焊接具有对焊件表面氧化膜破碎和清理作用，被焊金属表面氧化膜或涂层对焊接质量影响较小，因而对焊件表面的清洁度要求不高，允许少量氧化膜及油污存在，甚至可以焊接涂有油漆或塑料薄膜的金属。

⑦ 与电阻点焊比较，耗用电功率小，焊件变形小，接头强度高且稳定性好。以铝板为例，焊接厚度为 $1.0 \sim 1.5$mm 铝板，超声波点焊仅用电功率为 $1.5 \sim 4$kV·A，用电阻点焊至少需 75kV·A，前者仅为后者的 5%。

(2) 缺点

① 由于焊接所需的功率随工件厚度及硬度的提高而呈指数增加，而大功率的超声波点焊机的制造困难且成本很高，对于任何材料都存在一个厚度上限。因此目前仅限于焊接丝、箔、片等细薄件。

② 接头形式目前只局限搭接接头。

③ 焊点表面容易因高频机械振动而引起边缘的疲劳破坏，对焊接硬而脆的材料不利。

④ 目前尚缺乏对焊接质量进行无损检测的方法和设备。故大批量生产困难。

5.2.3 超声波焊应用

由于超声波焊的多用性和所得焊缝的均匀性，在各种几何形状的材料组合焊接中，超声波焊被广泛应用。在某些情况下，它可以焊接其他方法无法焊接的元件。在另一些情况下，这种焊接完成得比其他方法更为有效、可靠或经济。

点焊可以用于普通的结构连接，或者用于仅仅以固定为主要要求的用途。在要求连续焊接的地方和包装件的密封，点焊缝或连续焊缝都是有效的。环焊也可以用于密封，例如小管件的密封，或者希望得到圆形焊缝的场合。平面焊可用在一块扩展面积上要求连接的地方，例如在一种材料上覆盖另一种材料。

下面是已成功采用超声波焊的一些专用领域。

(1) 电子工业

用于微电子器件的连接，包括使导线固定于半导体材料上，装配电桥丝或配电元件；连接电子管元件，在高温印刷线路板上焊接导线，要求特殊气氛或无污染的电子元件的密封，使细丝、薄带与薄片及微型线路相连接，将二极管、集成电路片直接焊到基片上。微型电路及其他电子元件可用超声波环焊有效地密封，如晶体三极管与二极管之类的管壳能牢固地焊封，且内部高清洁度的零件不会被污染。

可以在集成电路板上焊上一层铝箔或金箔，以提供一个随后焊接导线的表面。

(2) 电器工业

超声波能有效地焊接各种电接头，因为它能产生可靠的低电阻接头，而且对零件没有污染，也不产生热变形。单股和多股电线都可以用超声波焊相互连接或焊到端子上，例如使导线固定于变压器线圈上；使接触点固定于薄板、厚板或带材上；以及使标准铝丝固定于铜接线头上。

很多异种金属的热电偶接头，可以用超声波焊接。

(3) 包装工业

超声波焊广泛用于封装业务中，从软箔小包装到密封管壳。用超声环焊、缝焊和直线焊能焊成气密性封装结构，如铝制罐及挤压管的密封，食品、药品和医疗器械等无污包装，以及精密仪器部件和雷管的包装等。环焊用于大多数铝制饮料桶上标牌盖板的密封。焊接时间少于 1s，铝罐的生产率为每小时 900 或更多条焊缝。

如果被封装物对普通的焊接方法很敏感（如热），或者封装物不允许暴露在空气中，则用这种工艺方法非常有利。此类被封装物包括起爆药、缓燃推进剂、焰火剂、高能燃料、高能氧化剂、活生命组织培养基等。

在军械制造中，从未听说过超声波焊接引起敏感材料燃烧的事件，即使在焊接区内存在材料微尘。

由于超声波焊便于在保护气氛（或真空中）进行，它可以对医疗器械、精密仪器部件或其他必须防尘或防污染的材料进行无污包装。这种能力使它可以封装能与空气反应的化学药品，如磷、氢化铝锂及过氯酸铵。焊接后，密封的气密性可以保证被封装物永久防护，以及挥发性材料（如限燃的红色发烟硝酸、乙醇和三氟化溴）的永久封存。

(4) 塑料工业

塑料的连接也是超声波焊接技术所能发挥作用的广阔天地，用超声波焊接可对硬聚氯乙烯塑料、聚乙烯及聚氯乙炔尼龙和有机玻璃等进行连接。

热塑性塑料的超声波焊与金属的超声波焊不同。因为塑料部件界面之间由于摩擦而消耗的振动机械能，足以使塑料界面处的温度上升到熔点以上。所以，熔化材料的凝聚是塑料超声波焊的重要部分。塑料的有效超声波焊取决于：①材料；②接头设计；③零件外形；④接头至声极端头的距离；⑤声极外形；⑥零件支撑；⑦传输给零件的能量。

(5) 其他应用

超声波连续缝焊是箔材轧制厂中用以连接零件或任意长度薄板的既定工艺方法，拼接后经得起退火处理；连续缝焊用于焊装波纹状热交换器；用于过滤筛网的焊接，焊后孔眼不会堵塞；宇宙辐射计数器的铍窗可用超声环形焊到不锈钢框架上；在宇宙飞船的核电转换装置中，用来焊接铝与不锈钢的膜合组件，太阳能硅光电池的制造中，将硅片（0.15～0.2mm）焊接到 0.2mm 厚的铝导体上等。抽气管的顶端可以同时卷边和焊接以保证气密密封。

手持便携式超声波焊机可以穿过聚合物绝缘层、塑料涂层和油漆层焊接金属丝，免除了剥皮和卷接等工序。焊机可以焊接单股线，可以制造铜、铝和黄铜合金单一金属和双金属焊点。这种焊机可以对无线电设备、雷达装置、飞行器进行修理。超声波焊将来的用途在于增加焊接厚度范围和扩大可焊金属品种，特别是异种金属的组合。

5.3　超声波焊接头设计

5.3.1　接头设计

超声波焊接的接头目前只限于搭接一种形式。以点焊接头为例，考虑到焊接过程母材不发生熔化，焊点不受过大压力，也没有电流分流等问题，在设计焊点的点距 s、边距 e 和行距 r 等参数时，要比电阻点焊自由得多，见图 5-12。

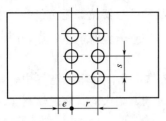

图 5-12　超声波点焊接头设计

1）边距 e　电阻点焊时为了防止熔核溢出而要求 $e>6t$（t 为板厚）。超声波点焊不受此限制，可以比它小，只要声极不压碎或穿破薄板的边缘，就采用最小的 e，以节省母材，减轻重量。

2）点距 s　因不受电流分流影响，根据接头强度要求，可疏可密，s 越小，接头承载能力越高，甚至可以重叠点焊。

3）行距 r　也和点距一样，不受限制而任意选择。

有时焊件会受超声焊接系统的激励而发生振动（共振），可能引起先焊好的焊缝断裂，或焊件开裂，见图 5-13。解决这一问题的方法是改变焊件尺寸或改变工件与声学系统振动方向的相对位置，或者在工件上夹持质量块增加其动刚度或阻尼以改变工件的自振频率，见图 5-14。

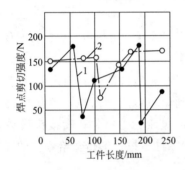

图 5-13　工件长度产生的谐振与焊点剪切
强度的关系曲线
1—超声波焊；2—电阻点焊

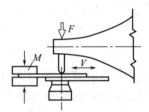

图 5-14　夹持质量块改变工件的自振频率
M—质量块；F—静压力；V—振动方向

5.3.2　表面准备

超声波焊接时，大多数材料的表面清理并不是非常重要的。焊接机理破坏和分散了正常的氧化层和配合表面上的其他表面膜。易焊材料如包铝合金、黄铜和铜可在精轧状态进行焊接，通常仅需用去垢剂清除掉表面润滑剂即可。带有热处理氧化皮的材料焊接时，最好用机械打磨或化学浸蚀溶液进行焊前清理。一旦表面氧化皮被清理掉，焊接前的存放时间无关紧要。

良好的表面加工状态有助于超声波焊缝的形成。通过轧制、拉拔或挤压的表面都是满意的。

穿过表面沉积或涂层也能进行超声波焊，但所需的能量级略高。在不能进行表面清理的应用中，这种能力特别重要。例如，厚氧化层的 Inconel X 板材不需要预先清理氧化层就能焊接，厚度为 0.0001in（小于 0.01mm）阳极化涂层的铝获得了合格的焊缝。在电气或电子元件的焊接中，经常要求通过绝缘磁漆或塑料膜进行焊接。超声波焊在这方面效果很好，能穿透像聚氯乙烯或聚乙烯这类薄膜。硅基绝缘层较难穿透，焊前需要进行清理。

为了在焊接过程中使能量集中，缩短焊接时间，提高焊接质量，还需要对焊接界面形式进行设计，主要有以下几种形式。

（1）导能三角形界面

如图 5-15 所示，在两块塑料界面的一边，沿着界面加一条小三角形凸缘，将超声波振动聚集在三角的尖端，由此减小焊件的接触面积，形成集中的超声波能量。焊接后，溶解的塑料均匀地流满结合面，并产生较强的结合力。材料的壁厚应小于 2.5mm，凸缘的高度应约为板宽 W 的 1/10。

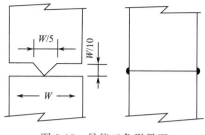

图 5-15　导能三角形界面

（2）台阶式界面

如图 5-16 所示。其三角形凸缘可以使凸缘材料熔化之后流入预留的孔隙，能产生较大的切应力及拉力强度，这种设计还可以避免外表面上产生的焊接痕迹。

（3）凹凸插接式接面

如图 5-17 所示，待焊材料设计成带有三角形凸缘的凹凸形式，两焊件之间应留有间隙，凸形焊件壁应有一定的斜度，以便塑料件容易拼合，同时让熔融的材料有流动的空间，不致溢出外面。

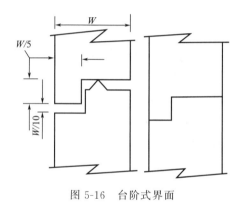

图 5-16　台阶式界面　　　　　图 5-17　凹凸插接式界面

5.4　超声波焊主要参数

超声波焊接的主要工艺参数是振动功率、振动频率、振幅、静压力和焊接时间等。对于给定的材料组合这些参数不能单独确定，因为在焊接工艺中它们的相互关系是很重要的。对于规定的用途，工艺参数的组合主要取决于材料的性能和厚度。夹持力可在几克至几公斤之间变动，功率输入可在几毫瓦至几千瓦之间变动，点焊时间通常为 0.01 至 1.2s。连续缝焊时的焊接速度，对于薄箔材料可以高达每秒数米。一般来说，高功率和短焊接时间取得的效果，优于低功率和长焊接时间的效果。此外，存在着一个最佳夹持力，保持这个力就可用最小的振动能量使给定材料组合达到有效的连接。

（1）焊接功率

焊接所需功率主要取决于被焊材料的性能和厚度。一般说来，所需的功率随工件的厚度和硬度而增加。不同厚度的同种材料焊接时，功率输入取决于与声极头相邻的较厚元件的厚度。已发展了可传输约 25kW 的换能器耦合系统，用于大型和难焊接材料，而小型半导体或微型线路焊接可能仅需几分之一。图 5-18 示出了几种材料板厚与焊接所需功率的关系。

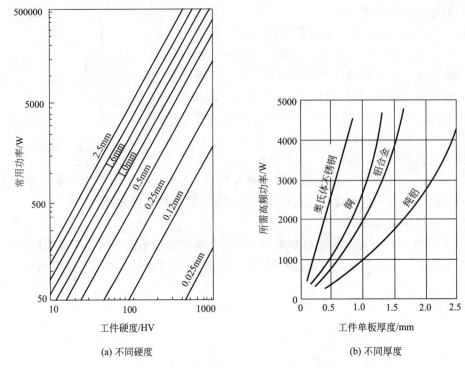

(a) 不同硬度   (b) 不同厚度

图 5-18 板厚和硬度与焊接功率的关系

(2) 振动频率

所谓振动频率,在工艺上有两方面的含义,即谐振频率的数值和谐振频率的精度。

谐振频率的选择通常以焊件的厚度及物理性能为依据。在焊薄件时,宜选取高的谐振频率,因为在维持声功率相等的前提下,提高振动频率就可以相应降低需用的振幅,低振幅可减轻薄件因交变应力而可能引起的疲劳破坏。

图 5-19 为超声波焊点的抗剪力与谐振频率的关系曲线。可见,材料越硬,厚度越大时,频率的影响越明显。

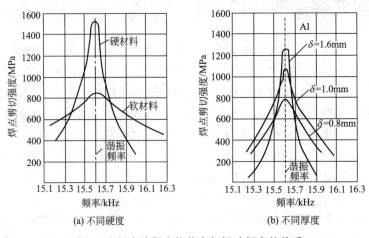

(a) 不同硬度   (b) 不同厚度

图 5-19 超声波焊点抗剪力与振动频率的关系

一般小功率超声波焊机(100W 以下)多选用 25～80kHz 的谐振频率。功率愈小,选用的频率愈高。但随着频率提高,振动能量在声学系统中的损耗将增大,所以大功率焊机一般选择 16～20kHz 较低的谐振频率。

振动频率决定于焊机系统给定的名义频率，但其最佳操作频率则可随声极头、工件和压紧力的改变而变化。

谐振频率的精度是保证焊点质量稳定的重要因素。由于超声波焊接过程中机械负荷的多变性，会出现随机的失谐现象，以致造成焊点质量的不稳定。

（3）振幅

振幅是超声波焊接参数中最基本的参数之一，它决定着摩擦功的大小，关系到焊接区表面氧化膜的去除条件、结合面摩擦生热的情况、塑性变形范围的大小以及材料塑性流动的状况等。因此根据被焊材料的性质及其厚度来正确选择振幅，是获得良好接头质量的保证之一。

超声波焊机的振幅约在 5～25μm 的范围内，由焊件厚度和材质决定。随着材料厚度及硬度提高，所需振幅值亦应相应增大。在合适的振幅范围内，采用偏大的振幅可大大缩短焊接时间，这相当于电阻焊中的"强规范"。但振幅有上限，当增加到某一数值后，接头强度反而下降，这与金属内部及表面的疲劳破坏有关。当换能器材料和聚能器结构确定后，振幅的大小往往通过调节发生器的输出电参数来达到。

图 5-20 为镁铝合金超声波焊点的抗剪力与振幅之间的关系曲线。对于一定材料的工件来说，存在着一个合适的振幅范围。

（4）静压力

静压力用来向工件传递超声振动能量，是直接影响功率输出及工件变形条件的重要因素。其选择取决于材料厚度、硬度、接头形式和使用的超声功率。静压力过低时，很多振动能量将损耗在上声极与工件之间的表面摩擦上，因此不可能形成连接。随着静压力的增加，改善了超声波振动的传递条件，使焊接区温度升高，材料的变形抗力下降，塑性流动的程度逐渐加剧，塑性变形的面积增加，焊点尺寸增加，从而使抗剪力上升。当静压力过大时，除了增加需用功率外，还会因工件的压溃而降低焊点的强度，表面变形也较大。焊点的静压力与抗剪力之间的关系见图 5-21。

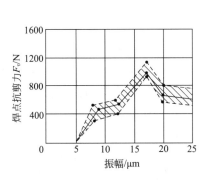

图 5-20　焊点抗剪力与振幅的关系
（材料：铝镁合金，厚度 0.5mm）

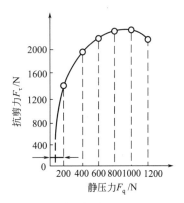

图 5-21　硬铝（$\delta=1.2$mm）焊点
抗剪力与静压力的关系曲线

理想的夹持力既能抑制声极和焊件之间的滑动，也不会因压力大而使焊件受损。对某一特定产品，静压力可以与超声波焊功率的要求联系起来加以确定。表 5-1 为各种功率超声波焊机的压力范围。

表 5-1 各种功率超声波焊机的压力范围

焊机功率/W	压紧力范围/N	焊机功率/W	压紧力范围/N
20	0.04～1.7	1200	270～2670
50～100	2.3～6.7	4000	1100～14200
300	22～800	8000	3560～17800
600	310～1780		

(5) 焊接时间

焊接时间是指超声波能量输入焊件的时间。每个焊点的形成有一个最小焊接时间，小于该时间将不足以破坏金属表面氧化膜。通常随时间增大，焊点强度迅速提高，并在一定的时间内保持一定的强度范围。若焊接时间过长，则因焊件受热加剧，声极陷入焊件，使焊点截面减弱，从而降低接头强度。同时，因振动时间过长，可能引起接头的疲劳破坏。焊点抗剪力随焊接时间的变化曲线见图 5-22。

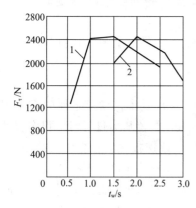

图 5-22 抗剪力与焊接时间的关系
1—静压力 200N；2—静压力 1000N

焊接时间的选择随材料性质、厚度及其他工艺参数而定，高功率和短时间的焊接效果通常优于低功率和较长时间的焊接效果。当静压力、振幅增加及材料厚度减小时，焊接时间可取较低的数值。对于细丝或薄箔，焊接时间约 0.01～0.1s，对厚板也不会超过 1.5s。

对于缝焊，是用焊接速度来控制能量输入，其选择原则与点焊相同，但用每分钟焊接几米焊缝进行表示。硬而薄的金属焊接速度低达 1.5m/min，而 0.025mm 厚的铝箔的焊接速度可高达 150m/min。

(6) 其他工艺参数

可供焊机操作者控制的其他参数有：声极头半径和表面、夹持力、功率级、点焊、环焊和直线焊的焊接时间，以及连续缝焊时的焊接速度。

1) 声极 声极是直接与工件接触的振动功率传输元件，它包括端头在内。近年来这一术语已被广泛采用，以区别于电阻焊所用的电极。

上声极是传递超声波振动能量的最后一个环节，所用的材料、端面形状和表面状况等会影响到焊点的强度和稳定性。首先要求上声极的材料具有尽可能大的摩擦系数，以保证上声极与工件间的摩擦力大于工件间的摩擦力，否则将造成振动能量严重耗损。在生产中常用砂纸打磨声极的端部以提高其摩擦系数。其次要求上声极材料具有足够的硬度和耐磨性。尤其希望具有良好的高温强度和疲劳强度，以提高声极的使用寿命，保证焊点强度稳定。高硬度还有利于防止声极与工件间发生严重"咬合"进而造成工件表面及声极表面的破坏。目前多用高速钢、滚珠轴承钢作为焊接铝、铜、银等较软金属的声极材料。沉淀硬化型镍基超级合金等作为上声极则适用于钛、锆、高强度钢及耐磨合金的焊接。

平板搭接点焊，上声极的端部一般应制成球面形，其球面半径对焊点尺寸及抗剪强度有明显影响，应根据焊件厚度及硬度确定，一般声极球面半径取与其相接触焊件厚度的 50～100 倍，材料愈薄相对比值愈大，材料愈软相对比值愈小。半径过大会导致焊点中心附近出现大块脱焊区，使焊接质量和重复性发生很大波动。半径过小，会引起过深的印痕，也使焊接质量和重复性发生波动。相对应，下声极应是平面。

若将丝材焊到板上，则需使用带槽的声极头，如果丝材很细，类似连接半导体装置那样，则声极头部尺寸和表面粗糙度应十分精确。

2）焊机的机械精度　上声极与工件的垂直度对焊点质量会造成较大影响，随着上声极垂直度偏离，接头强度将急剧下降。上声极横向的弯曲和下声极或砧座的松动，会引起不允许的焊缝畸变。

3）焊接气氛　一般情况下超声波焊无需对焊件进行气体保护，只有在特殊应用场合下，如钛的焊接，锂与钢的焊接等可用氩气保护。有些包装应用场合，则可能需在干燥箱内或无菌室内进行焊接操作。

4）功率-力的程序设计　采用功率-力的程序设计，可更有效地焊接某些材料，如难熔金属及其合金。它包括焊接循环中功率和夹持力的增量变动。

在恒力和恒功率情况下，测量传输给焊件的功率时发现有一段开始期，这时声极头和工件之间的耦合已经建立，但实际功率传输却很低。随后出现一段相当高的功率传输期。由低功率和高夹持力开始焊接循环，所建立的耦合效率更好。经过一个短暂的感应时间后，功率升高形成焊缝。

超声波缝焊和点焊没有本质的差别，只是因形式不同而有其本身的特点。

目前最常见的超声波缝焊形式是由旋转的焊接滚盘代替固定的上声极，如果下声极为移动的工作台，则必须使焊接滚轮的线速度和工作台的移动速度相等，否则产生焊件的残余变形，甚至使焊接过程不能进行。

缝焊工艺参数与点焊基本相同，只是以焊件的移动速度（滚盘的线速度）代替了焊接时间。焊接相同条件的焊件，缝焊所需的焊机功率比点焊稍高，这可能是由于缝焊时前一焊点在一定程度上阻碍了焊接过程的超声振动所致。

5.5　常用材料的超声波焊接

5.5.1　金属材料的超声波焊接

从金属超声波焊接性的角度，要求材料随温度提高硬度变小，塑性提高。常见金属材料组合超声波焊接性见图 5-23。

超声波焊接所需的功率与被焊材料的性质及厚度有关，目前有 25kW 的超声波焊机，可焊铝合金厚度达 3.2mm，功率为几瓦的焊机可焊接厚度为 0.002mm 的金属箔。

超声波焊接可以满意地焊接多种金属和合金，对于物理性质相差悬殊的异种金属，甚至金属与半导体、金属与陶瓷等非金属以及塑料等的焊接，均是这种焊接方法的特长。

(1) 铝及其合金的超声波焊接工艺参数

铝及铝合金是应用超声波焊接最多，也是最能显示出这种焊接方法优越性的一种材料，常用的焊接工艺参数见表 5-2。不论是纯铝、铝镁及铝锰合金，或是铝铜、铝锌镁及铝锌镁铜等高强度合金，它们在任何状态下，如铸、轧、挤及热处理状态均可焊接。铝铜合金的超声波点焊强度可比电阻点焊平均高出 30%～50%。

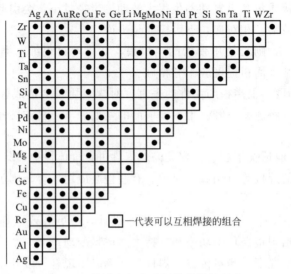

图 5-23 能进行超声波焊接的材料组合

表 5-2 铝及某些铝合金的超声波焊接工艺参数及焊点强度

焊件材料	厚度 δ /mm	工艺参数			振动头的材料	振动头材料硬度 HV	焊点直径 d/mm	拉剪力 F /N
		p/N	t_w/s	$A/\mu m$				
1050A	0.3~0.7	200~300	0.5~1.0	14~16	45 钢	160~180	4	530
	0.8~1.2	350~500	1.0~1.5	14~16			4	1030
5A03	0.6~0.8	600~800	0.5~1.0	22~24	45 钢 GCr15	160~180	4	1080
2A11	0.3~0.7	300~600	0.5~1.0	18~20		330~350~	4	720
	0.8~1.0	700~800	1.0~1.5	18~20			4	2200
2A12	0.3~0.7	500~800	1.0~2.0	20~22	GCr15	330~350	4	2360
	0.8~1.0	900~1100	2.0~2.5	20~22			4	1460

(2) 铜、镁材料的超声波点焊工艺参数

铜的超声波焊接性好，与铝类似。焊前的表面处理只需除油污，青铜、黄铜均如此。所需焊机功率也与铝相仿。镁的超声波焊接性与铜相仿。铜 T2 的焊接工艺参数见表 5-3。

表 5-3 铜 T2 的超声波焊接工艺参数及焊点强度

厚度 δ /mm	工艺参数			振动头			焊点直径 d/mm	拉剪力 F /N
	p/N	t_w/s	$A/\mu m$	球面半径 R/mm	材料	硬度 HV		
0.3~0.6	300~700	1.5~2	16~20	10~15	45	160~180	4	1130
0.7~1.0	800~1000	2~3	16~20	10~15	45	160~180	4	2240
1.1~1.3	1100~1300	3~4	16~20	10~15	45	160~180	4	

(3) 钛及其合金的超声波焊接

钛及其合金也有很好的超声波焊接性，其工艺参数区间较宽，见表 5-4。焊点经显微分析有时产生 α→β 的相变，也有未经相变的焊点组织，均能获得满意的强度。

表 5-4　钛、钛合金焊接工艺参数与点焊接头的强度

焊件材料	厚度 δ /mm	工艺参数			振动头[1]材料及硬度 HV	焊点直径 d/mm	破坏力 F_1/N			试验的试件数
		p/N	t_w/s	A/μm			最大	最小	平均	
TA3	0.2	400	0.3	16～18	HRC60[2]	2.5～3	680	820	760	5
	0.25	400	0.25	16～18	HRC60[2]	2.5～3	70	830	730	5
	0.65	800	0.3	22～24	HRC60[2]	3.0～3.5	396	4200	4100	4
TA4	0.25	400	0.25	16～18	HRC60[2]	2.5～3	69	990	810	4
	0.5	600	25	18～20	HRC60[2]	2.5～3	177	1930	1840	4

① 振动头的球形半径为 10mm。
② 振动头上带有硬质堆焊层。

（4）其他金属材料的焊接

钼、钨等高熔点的材料，由于超声波焊接可避免加热脆化现象，从而获得高强度的焊点质量。目前钼板已可焊到 1mm 厚。

金属钼、钽、钨等，由于其特殊的物理化学性能，使它们在超声波焊接时困难一些，必须采用相应的措施。如振动头和工作台需用硬度较高和较耐磨的材料制造，所选择的焊接规范参数也应适当地提高，特别是振幅值及施加的静压力应取较高值，而焊接时间较短，这是难熔金属的超声波焊接特点。

高硬度金属材料之间的超声波焊接，或焊接性较差的金属材料之间的焊接，可通过另一种硬度较低金属的箔片作为中间过渡层。

对于多层结构的焊接，是超声波焊接的一种特殊接头形式，可将数十层铝箔或银箔一次焊上，也可利用中间过渡层焊接多层结构。

（5）不同性质及不同厚度的金属材料超声波焊接

不同性质金属材料之间的超声波焊接，决定于两材料的硬度。材料的硬度愈接近、愈低，则其超声波焊接性愈好。而当两者硬度相差悬殊的情况下，只要其中一种材料的硬度较低、塑性较好，也可以形成接头。若一对被焊材料中没有一个是高塑性的，则同样可通过塑性高的中间过渡层来实现。

不同硬度的金属材料焊接时，硬度低的材料置于上面，使其与上声极相接触，焊接所需之规范参数及焊机之功率值也取决于上焊件的性质。

不同厚度的金属材料也有很好的超声波焊接性，甚至焊件的厚度比几乎可以是无限制的，例如可将热电耦丝焊到被测温度的厚大物件上。对于厚度比为 1000 的 25μm 的铝箔与 25mm 的铝板之间的超声波焊接也可以顺利实现，得到优质的接头。

5.5.2　聚合物基复合材料的超声波焊

超声波焊是聚合物基复合材料最常用的焊接方法之一。聚合物基复合材料的超声波焊是利用超声波能量使聚合物基复合材料作高频机械振动而发热熔化，同时施加焊接压力将其熔合在一起的一种焊接方法。结晶性塑料复合材料和非结晶性塑料复合材料都可以用超声波焊接。但结晶性塑料复合材料（如热塑性聚酯复合材料）比那些非结晶性塑料（如 ABS 或聚碳酸酯）复合材料焊接起来要困难得多。非结晶性塑料（如 PC、PS、SAN、ABS、PMMA等）复合材料没有明确的熔点，塑化所需的能量（即超声能量）较少，能够在较宽温度范围

内熔化并逐渐凝固。它们对超声能量通常具有良好的透射率，高频振动能够经过较长的距离传输到接头区域，因而这些材料均具有良好的近程或远程超声波焊接性能。结晶性塑料（如PA、PP、PE、POM）复合材料有明确的熔点并需要较高的熔融热，同非结晶性塑料复合材料相比，在焊接过程中需要更多的超声能量和较大的振幅，而且这些材料具有较强的消声作用，高频振动传输到这些材料时超声能量很快衰减，因而这些材料只适合于近程超声波焊。实验表明，采用近程超声波焊接 AmodelA—1133HS 时形成的焊缝相当好。而采用远程超声波焊时，形成的焊缝强度差，仅为近程超声波焊时焊缝强度的1/3。

超声波焊接塑料一般采用图 5-24 所示的几种方法。

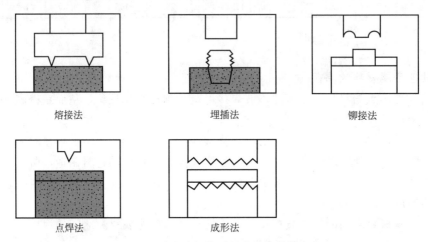

熔接法   埋插法   铆接法

点焊法   成形法

图 5-24　超声波焊接塑料常用的几种方法

1）熔接法　超声波振动随焊头将超声波传导至焊件，由于两焊件处声阻大，因此产生局部高温，使焊件交界面熔化，在一定压力下，使两焊件达到美观、快速、坚固的熔接效果。

2）埋插法　首先将超声波传至金属（或螺母），经高速振动，使金属物（螺母）直接埋入成形塑胶内，同时产生高温将塑胶熔化，其固化后完成埋插。

3）铆接法　将金属和塑料或两块性质不同的塑料接合时可利用超声铆接法。与熔接法相比，焊件不易脆化，外表美观。

4）点焊法　利用小型焊头将两块大型塑料制品分点焊接，或整排齿状的焊头直接压于两件塑料焊件上，实现超声波焊接。

5）成形法　利用超声波将塑料工件瞬间熔化成形。

如某离心泵的关键零件闭式离心叶轮材料为低密度聚乙烯，由圆盖和底盘两部分组成，离心叶轮的叶片和圆盖之间的连接采用超声波焊接。聚乙烯的衰减系数较高，弹性系数低，不利于超声波传导。一部分机械振动能量在传导过程中被焊件吸收，转化成热能使焊件受热变软，在压力作用下使焊件变形。由于超声波在焊件中传导损失一部分能量，从而在被焊区域上产生的热能减少，这将导致焊接时间的延长，引起焊件变形，也影响焊接接头的强度。同时聚乙烯材料本身较软，伸缩性强，焊件和焊具接触面之间传导反射超声波能力差，摩擦力也大，因而超声波在焊件和焊具之间传导时衰减，部分能量被焊具和焊件表面吸收转化成热能，致使焊件和焊具之间摩擦生成热。这一方面使焊件表面受热变形，影响焊接表面质量，另一方面也使焊具变热，污染焊具。

离心叶轮的圆盖厚度 3.5mm，底座厚度 20mm，属于难焊塑料，所以采用改变材料本

身的物理性质来适应超声波焊接设备的焊接工艺方法。超声波焊接设备对材料的要求是硬度
高，弹性系数大。而塑料在固化温度以下会变成剥离状态，因此把聚乙烯试片放入低温箱，
采用给软性塑料降温的方法来提高聚乙烯的硬度和弹性系数，聚乙烯剪切弹性系数随温度的
变化如图 5-25 所示。

　　随着温度降低，伸缩性很强的聚乙烯变成了硬度和弹性系数都很高的玻璃状态。这时聚
乙烯的黏度增强，热传导系数低，传导超声波能力强，在焊件中能量损失不明显，绝大部分
能量集中于焊接区域内转化成热能。

　　焊后采用拉伸试验检验焊接质量，接头强度与焊后的存放时间有关，见图 5-26。拉伸
检验表明，低密度聚乙烯焊接试片降温到 −50℃用超声波焊接，焊后存放 45min 以后，接
头的抗拉强度相当于材料本身强度的 90%。并且焊件表面无变形，采用显微镜观察，焊接
区域组织均匀。

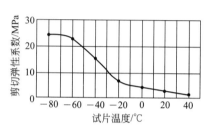

图 5-25　低密度聚乙烯弹性系数随温度的变化

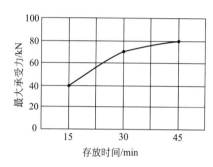

图 5-26　接头强度与焊后存放时间的关系

5.6　超声波焊接接头的强度

　　由于超声波焊接消除了熔化焊和电阻焊中因金属熔化及高温对热影响区性能的影响，以
及超声波焊点有效结合面积可以适当加大，使焊点的力学性能包括静载强度和疲劳强度都比
较高。

　　超声波焊点在室温时所能承受的抗剪力与电阻焊相比较见表 5-5。可见，超声波焊点拉
剪力优于电阻点焊。但在高于 150℃以上的温度下两者基本接近。同时大量试验还证明，超
声波点焊质点稳定，其强度波动约为 10%，而电阻点焊强度波动达 30%。

表 5-5　室温下超声波点焊和电阻点焊的拉剪试验比较

焊件材料	焊件厚度 δ /mm	焊点平均抗剪载荷 F_t/N	
		电阻点焊	超声波点焊
纯铝	0.8	940	1180
	1.0	1260	1460
	2.0	2910	3100
硬铝	0.8	1460	1780
	1.0	1940	2700

超声波焊接的这种优点不仅是对铝合金，同时还反映在不锈钢、高温合金等材料的焊接中。尤其是对钼、钨等高熔点金属，由于焊接过程中免除了加热脆化现象，可使其承受的最大拉剪载荷超过电阻点焊。

5.7 超声波焊接设备

目前用超声波焊所用的金属板材厚度一般为 0.01～2mm，特别适宜于用来焊接高导热性和导电性的轻金属、金属箔、丝、网，以及用于金属与半导体材料的结合。目前已有小至 100W 大至 25kW 的超声波焊接设备，如美国的 25kW 大型超声波焊机。日本的 100W～8kW 超声波焊机，能焊接小至 0.004mm、大至 2.5mm 的铝板或 1mm 厚的钛合金、软钢等。

超声波焊机通常由图 5-27 所示的超声波发生器（A）、声学系统（B）、加压机构（C）和程控装置（D）四部分组成。按焊件的接头形式分有点焊机、缝焊机、环焊机和线焊机四种基本类型。此外还有用于塑料焊接的超声波焊机。

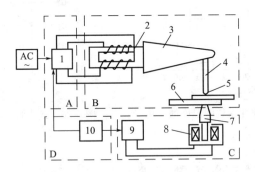

图 5-27　超声波点焊机的组成

1—超声波发生器；2—换能器；3—聚能器；4—耦合杆；5—上声极；6—焊件；
7—下声极；8—电磁加压装置；9—控制加压电源；10—程控装置

5.7.1　超声波发生器

超声波发生器用来将工频（50Hz）电流变换成 15～60kHz 的振荡电流，并通过输出变压器与换能器相耦合。近代采用最先进的逆变式超声波发生器，它具有体积小、效率高、控制性能优良的特点。

超声波发生器的负载是焊机的机电耦合系统，即声学系统。焊接压力的改变以及工件几何尺寸和物理性能的不同，都会引起负载的变化和声学系统自振频率的偏离。为了确保焊接质量的稳定，一般都在发生器内设置输出自动跟踪装置，使发生器与声学系统之间维持谐振状态以及恒定功率的输出。

5.7.2　声学系统

超声波焊机声学系统由换能器、聚能器、耦合杆和声极组成。主要是传输弹性振动能量给焊件，以实现焊接。

（1）换能器

其是用来将超声发生器的电磁振荡转换成相同频率的机械振动。常用的换能器有磁致伸缩式和压电式两种。

磁致伸缩换能器是依靠磁致伸缩效应而工作。磁致伸缩效应是当铁磁材料置于交变磁场中时，将会在材料的长度方向上发生宏观的同步的伸缩现象。常用的铁磁材料为镍片和铁铝合金，其磁致伸缩换能器工作稳定可靠，但换能效率只有 20%～40%。目前用于大功率超声波焊机。

压电换能器是利用某些非金属晶体的逆压电效应而工作。当压电晶体材料在一定的结晶面上受到压力或拉力时，就会出现电荷，称之压电效应。相反，当压电晶体在压电轴方向馈入交变电场时，则晶体就会沿一定方向发生同步的伸缩现象，即逆压电效应。压电换能器的缺点是比较脆弱，国内目前主要用于小功率超声波焊机。

（2）聚能器

又称变幅杆，起放大换能器输出的振幅，并耦合传输到工件的作用。各种锥形杆都可以用作聚能器，其中以指数锥聚能器的放大系数高，工作稳定，结构强度高，因而常被优先选择。聚能器承受疲劳载荷，应选用抗疲劳强度和减少振动内耗的材料来制作，常用的是 45 钢、30CrMnSi 低合金钢、T8 工具钢、蒙乃尔合金或钛合金等。

（3）耦合杆

又称传振杆主要是用来改变振动形式，一般是将聚能器输出的纵向振动改变成弯曲振动。当声学系统中含有耦合杆时，它就起到振动能量的传输及耦合的作用。其结构简单，通常为圆柱杆，选用与聚能器相同的材料制作，两者用钎焊连接。

（4）声极

其是超声波焊机直接与工件接触的声学部件，分为上、下声极。通用点焊机的上声极可以用各种方法与聚能器或耦合杆连接，其端部制成球面，球面半径已如前述，对于可焊接 1mm 厚板，2kW 的点焊机球面半径可选 75mm。下声极有时称砧座，用以支撑工件和承受所加压力的反作用力。在设计时应选择反谐振状态，从而使振动能可以在下声极表面反射以减少能量损失。缝焊机的上下声极可能是一对滚盘，或者上声极是滚盘而下声极是平板。无论哪一种声极，设计上都得考虑整个声学系统的谐振问题。

5.7.3　加压机构

向焊接部位施加静压力的机构主要有液压、气压、电磁加压和弹簧杠杆加压等。大功率焊机多采用液压，因无冲击力。小功率超声波焊机多用电磁加压和弹簧加压。

5.7.4　程序控制器

超声波点焊的典型程序见图 5-28。向焊件输入超声波之前需有一个预压时间 t_1，用来施加静压力，这样既可防止因振动而引起工件切向错位，以保证焊点尺寸精度，又可以避免因加压过程中动压力与振动复合而引起工件疲劳破坏。在 t_3 内静压力（F）已被解除，但超声波振幅（A）继续存在，上声极与工件之间将发生相对运动，从而可以有效地清除上声极与工件之间可能发生的粘连现象，这种粘连现象在焊接 Al、Mg 及其合金时容易发生。

现在的程控器不断更新，微机控制已较普遍。

部分国产超声波焊机的技术数据见表 5-6。

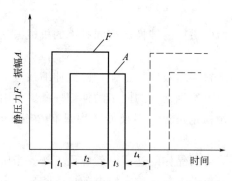

图 5-28　超声波点焊的典型程序图

t_1—预压时间；t_2—焊接时间；t_3—消除粘连时间；t_4—休止时间

表 5-6　部分国产超声波焊机技术数据

型号	发生器功率/W	谐振频率/kHz	静压力/N	焊接时间/s	焊速/(cm/min)	可焊工件厚度/mm
CHJ-28 点焊机	0.5	45	15～120	0.1～0.3	—	0.06～0.006
FDS-80 缝焊机	80	20	20～200	0.05～6.0	0.7～2.3	0.06+0.06
SD-0.25 点焊机	250	19～21	15～100	0～1.5	—	0.15+0.15
SF-0.25 缝焊机	250	19～21	15～180	—	0.5～3	0.15+0.15
P1925 点焊机	250	19.5～22.5	20～195	0.1～1.0	—	0.25+0.25
P1950 点焊机	500	19.5～22.5	40～350	0.1～2.0	—	0.35+0.35
CHD-1 点焊机	1000	18～20	600	0.1～3.0	—	0.5+0.5
CHF1 缝焊机	1000	18～20	500	—	1～5	0.4+0.4
CHF3 缝焊机	3000	18～20	600	—	1～12	0.6+0.6
SD-5 点焊机	5000	17～18	4000	0.1～0.3	—	1.5+1.5

思考题

1. 什么是超声波焊？简述超声波焊原理。

2. 简述超声波焊的优缺点。

3. 按照接头形式，超声波焊有哪些类型？

4. 超声波焊的主要工艺参数有哪些？对焊接过程有何影响？如何选择工艺参数？

5. 超声波焊接设备由哪几部分组成？各部分的作用是什么？

第6章

爆 炸 焊

爆炸焊接（explosive welding）是以炸药作为能源，利用爆炸时产生的冲击力，使焊件发生剧烈碰撞、塑性变形、熔化及原子间相互扩散，从而实现连接的一种焊接方法。美国卡尔在1944年提出爆炸焊接这一概念，他在一次炸药爆炸试验中偶然发现，两片直径约为1in、厚度为0.035in的黄铜圆薄片，由于受到爆炸的突然冲击而被焊在一起。1957年，美国的弗立普杰克第一次把爆炸焊接技术引入到工业工程应用上，在美国成功实现了铝与钢的爆炸焊接。此后经过各个国家的不断努力，爆炸焊接技术已得到广泛应用。

爆炸焊接主要用于金属复合板材、异种材料（异种金属、陶瓷与金属等）过渡接头以及爆炸压力成形加工等方面，一般采用接触爆炸，将炸药直接置于待焊件的表面，有时为了保护表面质量，可在炸药与待焊件间加入一缓冲层。

 6.1 爆炸焊原理及特点

6.1.1 爆炸焊原理

（1）爆炸焊基本类型

爆炸焊的分类方法主要有以下几种。

1）按接头形式不同分为面爆炸焊、线爆炸焊和点爆炸焊，其中线爆炸焊和点爆炸焊在实际应用中较少，面爆炸焊是爆炸焊的主要类型。

2）按装配方式分为平行法和角度法，如图6-1所示。平行法是将两试件平行放置，预留一定的间隙。爆炸焊接时试件随炸药爆炸的推进次序依次形成连接，接头各处的情况基本相同。角度法是使两试件间存在一个夹角，由两试件间隙较小处起焊，依次向间隙较大处推进，由于间隙不能过大，故试件的尺寸也不能太大。

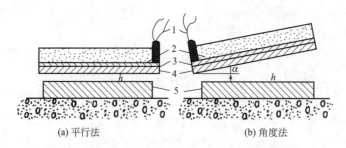

图 6-1 复合板的爆炸焊装配方式示意图

1—雷管；2—炸药；3—缓冲层；4—覆板；5—基板；

α—安装角；h—间隙

3）按试件是否预热可以分为热爆炸焊和冷爆炸焊。热爆炸焊是将常温下脆性大的金属材料加热到它的韧脆转变温度以上后，立即进行爆炸焊接。例如钼在常温下的脆性较大，爆炸焊后易脆裂，将其加热到 400℃（韧脆转变温度）以上时钼不再脆裂，并能和其他金属焊在一起。冷爆炸焊是将塑性很高的金属（如铅）置于液氮中，待其冷硬后取出，立即进行爆炸焊接。

此外，按爆炸的次数可分为一次、两次和多次爆炸焊；按爆炸焊进行的地点可分为地面、地下、水中、空中和真空爆炸焊；按炸药的分布可分为单面爆炸焊和双面爆炸焊。

（2）爆炸焊原理

爆炸焊是一个动态焊接过程，图 6-2 是典型的爆炸焊接示意图。在爆炸前覆板与基板有一预置角 α，炸药用雷管引爆后，以恒定的速度 v_d（一般为 1500～3500m/s）自左向右爆轰。炸药在爆炸瞬间释放的化学能量将产生一高压（高达 700MPa）、高温（局部瞬时温度高达 3000℃）和高速（500～1000m/s）冲击波，该冲击波作用到覆板上，使覆板产生变形，并猛烈撞击基板，其碰撞速度可达 200～500m/s（冲击角 β 保持在 7°～25°之间）。在碰撞作用下，撞击点处的金属可看作无黏性的流体，在基板与覆板接触点的前方形成射流，射流的冲刷作用清除了焊件表面的杂质和污物，去除了金属表面的氧化膜和吸附层，使洁净的表面相互接触。在界面两侧纯净金属发生塑性变形的过程中，冲击动能转换成热能，使界面附近的薄层金属温度升高并熔化，同时在高温高压作用下这一薄层内的金属原子相互扩散，形成金属键，冷却后形成牢固的接头。

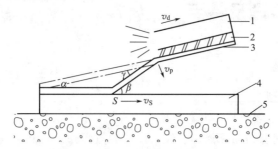

图 6-2 爆炸焊接过程示意图

1—炸药；2—缓冲层；3—覆板；4—基板；5—地面；

v_d—炸药的爆轰速度；v_p—覆板向基板的运动速度；v_S—撞击点 S 的移动速度（焊接速度）；

α—安装角；β—碰撞角；γ—弯折角

　　良好的爆炸结合取决于两板件的碰撞角、碰撞速度、碰撞点压强以及被焊两板的物理和力学性能等。为了形成较好的爆炸结合，碰撞速度须低于两板材的声速。表 6-1 列出了几种不同金属材料的声速。碰撞角 β 存在一个最小值，低于此值，不管碰撞速度如何都不会形成爆炸结合面。

表 6-1　几种不同金属材料的声速

材料	声速/(m/s)	材料	声速/(m/s)
铁	4800	钼	5173
钢	5100	钛	4780
铜	3970	锆	3771
铝	5370	铌	4500
银	2600	铅	200～230
镁	4493	不锈钢	4550
镍	4667	锌	3100

（3）接头形成特点

1）随着爆炸焊接条件的不同，接头的结合面可有以下不同形式

① 平坦界面　该类界面的特点是界面上可见到平直、清晰的结合线，基体金属直接接触和结合，没有明显的塑性变形或熔化等微观组织形态。形成这种结合特点的主要原因是撞击速度较低。

② 波浪形界面　当撞击速度高于某一临界值时，接头的结合区呈现有规律的连续波浪形状，如图 6-3 所示。界面形成或大或小的不连续漩涡区，高倍显微组织可以看到微米级的熔化金属薄层，并且在不同强度和不同特性的爆炸载荷下，会产生不同形状和参数（波长、

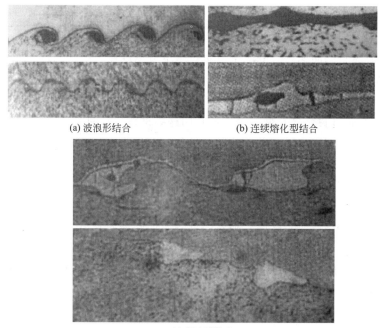

(a) 波浪形结合　　　　　(b) 连续熔化型结合

(c) 混合型结合

图 6-3　爆炸焊接结合区特征

波幅和频率）的变形。

a）在爆炸焊接大面积复合板时，有时界面上出现大面积金属熔化的现象，这种宏观现象体现在微观形态上，即呈现出图 6-3 （b） 所示的规则和不规则的连续熔化型结合区。

b）有些爆炸焊接头 ［图 6-3 （c）］，结合面不仅具有不规则的波浪形微观形态，又有大大小小的不连续的金属熔化块，结合区为不规则的混合型结合形态。

2）不同焊接条件将影响结合区的形态 当撞击速度低于某一临界值（该值因不同金属组合而异），结合区多为平坦界面，在这类焊缝中很少或根本不发生熔化，有些接头也具有满意的力学性能，但由于对焊接参数的微小变化非常敏感，导致接头质量不稳定和易造成未结合缺陷，因此这种结合形式在实际生产中并不采用。当撞击速度高于某一临界值时，将会得到波浪形结合区，其接头性能优于平坦界面结合，并允许焊接参数的变化范围较宽。

6.1.2 爆炸焊特点

(1) 爆炸焊优点

1）爆炸焊工艺的实施不需要专用设备和大量投资。一般来说，只要有金属材料、炸药和一片开阔地（爆炸场）以及一些辅助工具，就可以进行任意组合和相当尺寸的复合材料的爆炸焊。

2）爆炸焊工艺简单。参加此项工作的人员除安全教育外，不需要专门的培训；爆炸焊工艺及其产品成本低，经济效益好。

3）用爆炸焊工艺和技术生产的爆炸复合材料品种繁多、规格各异，数量庞大；爆炸复合材料的覆层和基层材料都可以根据实际需要任意选择；爆炸复合材料的覆层和基层的厚度及其厚度比也可以根据实际需要而任意选择；基板与覆板厚度比可为 1:1～10:1。

4）爆炸复合材料组元之间为冶金结合，其结合强度较高，通常超过复合材料组元中的强度较弱者；爆炸复合材料可以是双层、三层或多层，这三种复合材料的两侧有不同的表面性能。三层如钛-钢-钛、不锈钢-钢-不锈钢、钛-钢-不锈钢、镍-钢-不锈钢等。

5）爆炸复合材料的面积可达数十平方米，重量可达数吨，用其制造的设备可达数百吨；爆炸复合材料都有不同程度的硬化和强化，即"爆炸硬化"和"爆炸强化"。覆层材料的强化有利于其耐蚀性和耐磨性的提高；爆炸复合材料的形状和形式很多，如复合板材、复合带材、复合箔材、复合管材、复合型材等，还有用这些材料制作的复合零件、部件和设备。

6）爆炸复合材料可以承受多种（轧制、冲压、旋压、锻压、挤压和拉拔等）和多次的压力加工、机械加工（切割、切削、校平、校直和成形等），以及焊接、热处理和爆炸成形等后续加工，而不会分层和开裂；爆炸复合材料与上述压力加工和机械加工工艺的联合，可以使爆炸复合材料的生产走上系列化、规模化和工厂化的道路，从而创造更多的经济效益。

7）爆炸焊法还能使金属与陶瓷、塑料和玻璃等非金属焊接在一起组成复合材料；用爆炸焊法获得的金属复合材料比其他方法获得的金属复合材料有更好的使用性能。例如，镀铂钛材作为外加电流防腐装置的阳极，在大型船舶和海洋工程中已有不少应用。然而，用电镀法制作的镀铂钛材的铂镀层与基体结合不牢，会产生"脱铂"现象。原因是铂钛界面有许多微观裂纹、疏松和孔隙。用爆炸焊方法获得的铂钛复合材料在同样的试验中完好无损。快速寿命试验的结果表明，镀铂试样在水和浓盐酸中煮沸一次即起皮，两次有脱落，三次则脱光。而爆炸焊的试样在煮沸 30 次后仍未脱落，这一实例充分显现了爆炸焊的优越性。

（2）爆炸焊缺点

应当指出，爆炸焊接方法也有其缺点、不足和局限性，具体表现在以下几个方面。

1）被焊的金属材料必须具有足够的韧性和抗冲击能力以承受爆炸力的剧烈碰撞。

2）因为爆炸焊时，被焊金属间高速射流呈直线喷射，故爆炸焊一般只用于平面或柱面结构的焊接，复杂形状的构件受到限制。

3）爆炸焊大多在野外露天作业，机械化程度低，劳动条件差，易受气候条件限制。

4）基板宜厚不宜薄，若在薄板上施焊，需附加支托，从而增加了制造成本。

5）爆炸焊时产生的噪声和气浪，对周围环境有一定影响，虽然可以进行水下、真空中或埋在沙子下进行爆炸焊接，但需要增加成本。

 ## 6.2　爆炸焊工艺过程及工艺参数

6.2.1　爆炸焊工艺过程

爆炸焊接工艺过程如下。

① 表面清理　爆炸焊接时，试件对接表面必须平整，无缺陷存在，表面粗糙度 $Ra \leqslant 12.5\mu m$。安装前应将待焊件上的污物除去，常用的清理方法有化学清洗、机械加工、打磨、喷砂和喷丸等。最好是当天清理，当天进行爆炸焊。若当天不能进行焊接，应对焊件进行油封，爆炸焊前再用丙酮擦拭干净。

② 安放间隙柱　为了保持基板与覆板之间的距离，可用焊于基板四周的铁丝作支撑，也可在两板之间安装立柱。安装立柱的操作过程是把基板和覆板安放到焊接基础后，将覆板向上抬高一定距离，将既定长度的间隙柱放置其中。在基板的边部每隔 200～500mm 放置一个间隙柱。在间隙柱安放之后，如果复合板的面积不太大，则两板之间就形成了以间隙柱长度为尺寸的间隙距离，并且这个距离在两板之间的任意位置都是相同和均匀的。但是，如果复合板的面积较大，间隙距离在两板的几何中心位置就可能很小，甚至贴在一起。在这种情况下，除在基板边部放置间隙柱外，还应在基板的待结合面上均匀地放置一定数量、形状和尺寸的金属间隙物，以保证基板与覆板间的整个间隙距离。应注意的是，覆板的长度与宽度应比基板相应尺寸大 5～10mm。

③ 涂抹缓冲保护层　当覆板在基板上支撑起来以后，用毛刷或滚筒将水玻璃或黄油涂抹在覆板的上表面（上表面将接触炸药），有时采用橡胶材料作缓冲层，这一薄层物质能起缓冲爆炸载荷和保护覆板表面免于氧化及损伤的作用。

④ 放置药框　将预先备好的木质或其他材质的炸药框放到覆板上面，药框内缘尺寸比覆板的外缘尺寸稍小。

⑤ 布放主炸药　药框安放好后，将主炸药用工具放入药框，要保证各处的炸药厚度基本相同。

⑥ 布放高爆速的引爆炸药　为提高主炸药的引爆和传爆能力，在插放雷管的位置上布放 50～200g 的高爆速引爆炸药。引爆炸药也可在主炸药布放之前放到预定的位置上。

⑦ 安插雷管　引爆炸药和主炸药布放好后，将雷管插入引爆炸药的位置上，并与覆板表面接触。为防止雷管爆炸后前端的聚能作用对覆板的冲击产生凹坑，可在雷管下垫一小块

橡皮或其他柔性物质。

⑧ 接起爆线 在使用火雷管的情况下，将导火索插入火雷管之中，完成爆炸焊接的工艺安装。使用电雷管时，需将其两根脚线与起爆线的两股导线相连，起爆线的长度依安全距离而定。两线相连后将起爆线另一端的两股导线端头拧在一起。然后根据炸药量的多少和有无屏障，划出半径为 25m、50m 或 100m 以上的危险区。最后清理现场的物品，工作人员撤离到安全区，引爆焊接。

爆炸焊接时，接触界面撞击点前方产生的金属射流，以及爆炸发生时覆板的变形和加速运动，必须沿整个焊接接头逐步地连续完成，这是获得爆炸焊牢固接头的基本条件。因此，炸药的引爆必须是逐步进行的，如果炸药同时一起爆炸，整个覆板与基板进行撞击，即使压力再高也不能产生良好的结合。

6.2.2 爆炸焊工艺参数

爆炸焊的参数主要有：炸药品种、单位面积药量、基板与覆板的安装间隙和安装角、基板与覆板的尺寸参数（主要有板材的厚度、基覆比）以及表面状态等。

(1) 炸药

炸药是爆炸焊的能源，其种类和密度决定爆炸速度。爆速过高，会使撞击角度变小和作用力过大，容易撕裂结合部位；爆速过低，不能维持足够的爆炸角，也不能产生良好结合。

爆炸焊中使用的炸药分为单一炸药和混合炸药。其中单一的高爆速炸药用作附加药包内的起爆药，混合的低爆速炸药用作主炸药。炸药必须满足以下要求。

1）爆速应适当，一般以 2000m/s 左右为宜。对于大面积复合板材的焊接，覆板越厚，炸药的爆速应当越低。一般来讲，混合炸药能满足这个要求。

2）所用炸药应当具有稳定的物理、化学性质和爆炸性能，在厚度和密度较大的范围内能够用起爆器材引爆，并能迅速达到稳定爆轰，即不稳定爆轰区应尽可能小。

3）炸药布放后与覆板紧密结合，其间不应有间隙。

4）炸药来源比较广泛、价格便宜、加工使用方便，在加工运输贮藏和使用过程中具有高的稳定性和安全性等。

5）炸药的数量通常以覆板单位面积上布放的炸药数量或炸药厚度来计算，以 W_g（g/cm²）或 δ_0（mm）表示。大面积复合板爆炸焊接时，常用 W_g 来计算总药量，在大厚度复合板坯爆炸焊接时，常用 δ_0 来计算总药量。药量的计算目前尚无理论公式，可采用如下经验公式来计算。

$$W_g = K_0 (\delta\rho)^{\frac{1}{2}} \quad (\text{g/cm}^2) \tag{6-1}$$

式中　K_0——系数，一般为 0.9～1.4；

　　　ρ——覆板的密度，g/cm³；

　　　δ——覆板的厚度，cm。

(2) 安装间隙和安装角

爆炸焊的能量传递、吸收、转换和分配，是通过间隙借助覆板与基板的高速碰撞来完成和实现的。安装间隙和安装角是影响爆炸角的主要因素之一，在爆炸焊中，如果爆炸角过小，不论撞击速度有多大，也不会产生射流现象，反而容易引起结合面的严重熔化，接头强度低。

平行法爆炸焊时，采用均匀间隙值，以 h_0 表示，一般为覆板厚度的 0.5～1.0 倍。角度法爆炸焊时，间距小的一端以 h_1 表示，间距大的一端以 h_2 表示，由 h_1 与 h_2 之差以及金属板的长度计算出初始安装角 α。经验和实践表明，在大面积复合板的爆炸焊接中常用平行法爆炸焊，小面积复合板和一些特殊试验中可以用角度法进行爆炸焊接。间隙的计算也无理论公式，一般用如下经验公式来计算。

$$h_0 = A(\rho\delta)^{0.6} \tag{6-2}$$

式中　h_0——覆板与基板之间的间隙距离，cm；

　　　ρ——覆板的密度，g/cm^3；

　　　δ——覆板的厚度，cm；

　　　A——计算系数，在 0.1～1.0 范围内选择。

当 h_0 和 W_g 计算出来之后，就准备相应尺寸的间隙柱，算出炸药的总量，然后进行一组小型复合板的试验。试验结果如有偏差，可对原来计算的 h_0 和 W_g 值进行适当的调整，利用得到的能满足技术要求的参数进行大面积复合板的爆炸焊接。

（3）基覆比

基板与覆板厚度之比称为基覆比。实践证明，基覆比越大则越容易进行爆炸焊接，接头质量也越容易保证，当基覆比接近 1 时爆炸焊接很难进行，一般要求该值应在 2 以上。

（4）表面状态

表面状态与形成物理接触的面积有关，对焊接质量有非常重要的影响，焊前一定要进行表面清理以保持金属表面尽可能的清洁和具有一定的表面粗糙度。实验结果表明，不合理的粗糙表面既难于形成波形界面，又易于熔化而形成金属间化合物的中间层，因此，应合理选择表面粗糙度。

6.3　爆炸缺陷及检验

6.3.1　爆炸焊缺陷

爆炸焊缺陷可以分为宏观和微观两大类。

（1）宏观缺陷

1）界面结合不良　爆炸焊工艺实施后，覆层和基层之间全部或大部没有结合，或即使结合但结合强度较低。欲克服此缺陷，首先应选择低速炸药，其次是使用足够的炸药和适当的间隙距离。此外，应选择好起爆位置，使之能缩短间隙气体排出路程，创造有利于排气的条件。

2）鼓包　在复合板的局部位置（通常靠近起爆端），复板偶尔凸起，其间充满气体，在敲击下发出"梆梆"的空响声。欲消除鼓包，在选择低速炸药、最佳药量和最佳间隙值后，重要的是创造良好的排气条件。

3）大面积熔化　某些组合在撬开覆板和基板以后，有时会发现在结合面上有大面积金属被熔化的现象。这一现象产生的原因是：在爆炸焊过程中，间隙内未及时排除的气体在高压下被绝热压缩。大量的气泡压缩热使气泡周围的一薄层金属熔化。减轻和消除的方法是采用低速炸药和中心起爆法等，以创造良好的排气条件，将间隙内的气体及时并完全地排出。

4）表面烧伤　指复合板表面被爆热氧化烧伤的情况，如铝板的表面被烧黑。使用低速炸药和采用黄油、水玻璃或沥青等保护层，能够防止这一缺陷的发生。

5）爆炸变形　指在爆炸载荷剩余能量的情况下，复合材料在长度、厚度以及形状上发生宏观、不规则的变形。变形后的复合材料，在加工和使用前需要校平（复合板）或校直（复合管、复合管棒）。爆炸变形一般无法避免，但可设法减轻。

6）爆炸脆裂　某些常温下冲击韧性（金属材料抵抗冲击载荷的能力）值很小的金属材料，爆炸后有可能开裂和脆断。实施"热爆"工艺（即爆炸前对工件预热）可以消除这种现象。

7）雷管区未结合　在雷管引爆的位置，由于能量不足和气体排不出去而造成基板和覆板未能很好结合。这种缺陷可用增加高爆速的附加药包或将其引出复合面积之外的办法来尽量缩小。

8）边部打裂　除雷管区之外的复合板的其余周边，或复合管的前端，由于"边界效应"而使覆层打伤、打裂。这一缺陷产生的原因主要是周边和前端能量过大。减轻和消除它的办法是增加覆板或覆管的尺寸，将"边界效应"引出复合面积之外，或者在厚覆板的待结合面之外的周边刻槽。

9）爆炸打伤　由于炸药结块或分布不均匀，使局部能量过大或炸药内混有固态硬物，他们撞击覆板表面，使其对应位置上出现麻坑、凹坑或小沟等影响表面质量的缺陷。细化和净化炸药以及均匀布药是防止覆板表面被打伤、打裂的主要措施。

（2）微观缺陷

微观缺陷见于爆炸复合材料结合区和基体的内部，如微裂纹、显微孔洞、乱波结合、波形错乱、大熔化块、过分的爆炸硬化和爆炸强化、残余应力和"飞线"等，这些微观缺陷会造成爆炸复合板的显微组织不均匀，影响复合板的力学性能。

实践表明，宏观缺陷影响爆炸复合材料的表面质量和成材率，微观缺陷影响材料的结合强度和使用性能。

6.3.2　爆炸焊质量检验

爆炸复合材料的检验分为非破坏性和破坏性两大类。

（1）非破坏性检验

1）表面质量检验　主要是对爆炸复合板表面及其外观进行检查，如打伤、打裂、氧化、烧伤和翘曲变形等。

2）轻敲检验　用手锤对复合层各个位置逐一轻敲，以其声响初步判断其结合面结合情况，可以大致计算结合面积率。

3）超声波检验　利用超声波探测界面结合情况和定量测定结合面积。关于超声波检验爆炸复合板结合情况的标准有 GB/T7734—2004《复合钢板超声波检验方法》。

（2）破坏性检验

根据 GB/T6396—2008《复合钢板力学性能及工艺性能试验方法》，用剪切和弯曲试验来确定爆炸复合板的结合强度，用拉伸试验来确定其抗拉强度。

1）剪切试验　剪切试验用来测定焊缝强度，可使爆炸焊组件的焊件承受剪切载荷。此项试验是对装在模具内的剪切试件加压，使覆层和基层发生剪切形式的破坏，以此剪切应力来确定复合件的抗剪切性能，如图 6-4 所示。

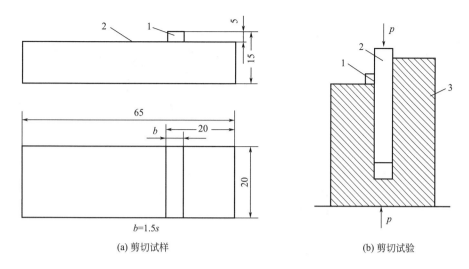

图 6-4　爆炸复合板的剪切试验装置

1—覆板；2—基板；3—剪切模具

(a) 剪切试样　　　　　　　　(b) 剪切试验

　　一些爆炸复合材料的抗剪强度数据见表 6-2。某些金属组合的抗剪强度的验收标准列于表 6-3 中。

表 6-2　一些爆炸复合材料的抗剪强度

覆板	基板	抗剪强度/MPa	覆板	基板	抗剪强度/MPa	覆板	基板	抗剪强度/MPa
钛	钢	220～350	镍	不锈钢	30	铝	铜	70～120
钛	不锈钢	280～350	铜	钢	190～210	铝	不锈钢	70～90
钛	铜	190～210	不锈钢	钢	290～310	铜	2A12 铝合金	60～150
钛	钛	330	铝	铜	70～100			

表 6-3　一些爆炸复合材料抗剪强度的验收标准

覆层	基层	最低抗剪强度/MPa
不锈钢、镍及其合金	钢	210
钛、锆、铜及其合金	钢	140
银	铜、钢	100
铝	铜、钢	60

　　2) 弯曲试验　弯曲试验用来评定焊缝的完整性和复合材料的韧性，此项试验是以预定达到的试样的弯曲角或试样破断时的弯曲角来确定爆炸复合材料的结合性能和加工性能。一般经验是大多数优质爆炸焊复合板材能成功地经受 180°全弯曲，试样在焊接状态下，复合板承受拉伸和压缩。钛合金和锆合金的复合板在拉伸中承受弯曲之前，需要进行消除应力退火。弯曲试验分为内弯（覆层在内）、外弯（覆层在外）和侧弯三种类型（如图 6-5 所示）。内弯试样的形状和尺寸如图 6-6 所示。几种爆炸复合材料的弯曲性能见表 6-4。

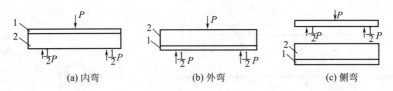

(a) 内弯　　　　　　　　(b) 外弯　　　　　　　　(c) 侧弯

图 6-5　爆炸复合板的弯曲试验

1—覆板；2—基板

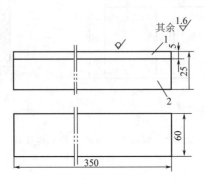

图 6-6　内弯试样的形状和尺寸

1—覆板；2—基板

表 6-4　一些爆炸复合材料的弯曲性能

覆板	钛	钼	钽	镍	镍	锆	不锈钢	B30
基板	钢	钢	钢	钛	不锈钢	不锈钢	钢	922 钢
弯曲角/°	180	180	180	＞167	180	＞110	180	180

注：1. 均为内弯，弯曲半径等于复合板厚度或复合管壁厚度；

2. 覆板材料为锆，基板为不锈钢的试样取自复合管，其余取自复合板。

3）拉伸试验　此项试验是将拉伸试样固定在拉伸试验机上，然后沿结合面方向对其施加拉力，直到断裂为止。以此破断应力和相对伸长来确定爆炸复合材料的抗拉强度和伸长率。典型拉伸试样如图 6-7 所示。当覆层较薄时可采用板状试样，当覆层较厚时则采用棒状试样。拉伸试样的尺寸应符合相关国家标准的规定。几种爆炸焊复合板的拉伸性能见表 6-5。

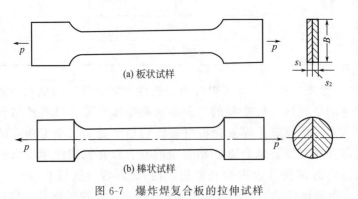

(a) 板状试样

(b) 棒状试样

图 6-7　爆炸焊复合板的拉伸试样

表 6-5　几种爆炸焊复合板的拉伸性能

复合板	钛-Q235	钛-18MnMoNi	钛-2A12 铝合金
抗拉强度/MPa	450～475	750	265～305
伸长率/%	3.5～14.0	5.0	6.5～10.9
试件形状	板状	棒状	板状

4）剥离试验　剥离或錾开试验是大多数人用来确定焊缝完整性的一种粗略而迅速的方法，试验方法是把包覆金属剥离，反折过来，或往焊缝界面打入一个錾子。一般来说，如果焊缝是优质的，则在金属之一中断裂，如果焊缝质量较差，则沿焊缝界面断开。界面承受錾子分离的能力是焊缝韧性和强度的最好定性方法。不均匀的焊缝质量常常在基板和复板中发生综合断裂，并且在錾子头前面沿焊缝界面断开。

5）显微硬度试验　硬度试验用来测定爆炸焊工艺对焊接复合板材金属硬度的影响。此项试验是以一定的方法对爆炸复合材料的结合区、覆层和基层进行显微硬度的测量、分布曲线绘制和分析，以确定爆炸前后（包括后续加工和热处理前后）各部分显微硬度的变化及其变化规律。也可以测量待定位置（如漩涡区）上特殊组织的硬度，从而判断它的性质和影响。

6）金相试验　从爆炸复合材料的一定位置切取金相样品，在金相显微镜下进行结合区金相显微组织的检验，取样位置应是复合板中有代表性的部位。在金相显微镜下进行界面结合区显微组织的观察，以确定是平面结合、波形结合还是熔化层结合。将此结果与对应位置的力学性能结合起来进行综合分析，从而指导实践。

爆炸复合材料还可以视具体情况和需要，进行另外一些项目，如冲击、扭断、杯突、疲劳、热循环和各种腐蚀性能以及结合区的化学和物理组成等的检验。

 6.4　爆炸焊典型应用

6.4.1　钛-钢复合板的爆炸焊接

钛-钢复合板在石油化工和压力容器中得到越来越多的应用，使用这种结构不仅可以成倍地降低设备成本，而且能够克服单一的钛设备和衬钛结构在这个领域中应用的许多缺点。用钛-钢复合板制造的设备内层钛耐蚀性好，外层钢具有高强度，复合结构还具有良好的导热性，克服热应力、耐热疲劳、耐压差等不足，可以在更苛刻的条件下工作。因此，钛-钢复合板已经成为现代化学工业和压力容器工业不可缺少的结构材料。

(1) 钛-钢复合板爆炸焊接的工艺安装

大面积钛-钢复合板爆炸焊接时，其工艺安装多采用平行法，起爆方式多采用中心起爆法，少数情况下在长边中部起爆，各类工艺安装示意图如图 6-8 所示。图中有两个投影视图，分别表示板的长度方向和宽度方向。图 6-8 (a)、(b) 分别表示雷管的安放位置不同；图 6-8 (c) ～ (e) 分别表示有高速起爆混合炸药时的雷管安放位置。

(2) 钛-钢复合板爆炸焊接参数选择

大面积钛-钢复合板和大厚度钛-钢复合板坯的爆炸焊接参数见表 6-6 和表 6-7。从排气角度考虑，覆板越厚、面积越大，炸药的爆速应该越低，并且应采用中心起爆法。为了缩小和

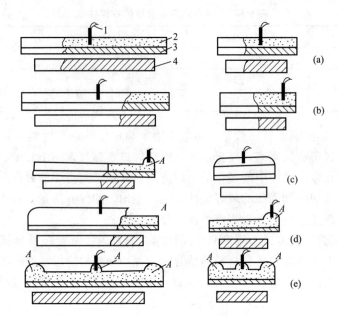

图 6-8   大面积钛-钢复合板坯的工艺安装示意图
1—雷管；2—炸药；3—覆板；4—基板；A—高爆速混合炸药

表 6-6   大面积钛-钢复合板爆炸焊接参数

No	钛尺寸/mm	钢尺寸/mm	炸药品种	$W_g/$ (g/cm^2)	h_0/mm	缓冲层	起爆方式
1	TA1，3×1100×2600	15MnV，18×1100×2600	TNT	1.7	5~37	沥青＋钢板	短边引出三角形
2	TA5，2×1080×2130	13SiMnV，8×1100×2100	TNT	1.4	5	沥青＋钢板	短边延长 300mm
3	TA1，5×1800×1800	Q235，25×1800×1800	TNT	1.5	3~20	沥青 3mm	短边中部起爆
4	TA2，3×2000×2030	Q235，20×2000×2030	TNT	1.5	3~25	沥青 3.6mm	短边中部起爆
5	TA1，5×2050×2050	18MnMoNb，35×2050×2050	2#	2.8	20	沥青 3.5mm	短边中部起爆
6	TA1，φ2800×5	14MnMoV，φ2800×65	2#	2.6	5	沥青 4mm	短边中部起爆
7	TA2，1×1000×1500	Q235，20×1500×2000	25#	1.5	3	黄油	中心起爆
8	TA2，3×1500×3000	20G，25×1500×3000	25#	2.2	6	水玻璃	中心起爆
9	TA2，4×1500×3000	16Mn，30×1500×3000	25#	2.4	8	水玻璃	中心起爆
10	TA2，5×1500×3000	16MnR，35×1500×3000	25#	2.6	10	水玻璃	中心起爆

表 6-7　大厚度钛-钢复合板坯的爆炸焊接参数

No	钛尺寸/mm	钢尺寸/mm	炸药品种	h_2[①]/mm	h_1[①]/mm	缓冲层	起爆方式
1	TA1,10×700×1080	Q235,75×670×1050	25$^\#$	44	12	黄油	
2	TA2,10×690×1040	Q235,70×650×1000	42$^\#$	35	12	水玻璃	
3	TA2,10×730×1130	Q235,83×660×1050	42$^\#$	40	12	黄油	
4	TA2,12×690×1040	Q235,70×650×1000	25$^\#$	51	12	水玻璃	辅助药包，中心起爆
5	TA2,12×620×1085	Q235,60×570×1050	25$^\#$	55	13	黄油	
6	TA2,8×1500×3000	16Mn,80×1500×3000	25$^\#$	40	14	水玻璃	
7	TA2,10×1500×3000	16MnR,100×1500×3000	25$^\#$	50	14	水玻璃	

① h_1 和 h_2 分别是角度法爆炸焊接时覆板与基板间的小间距及大间距。

消除雷管区，在雷管下通常添加一定量的高爆速炸药。在爆炸焊接大面积复合板的情况下，为了间隙的支撑有保证，可在两板之间安放一定形状和数量的金属间隙物。在大厚板坯的爆炸焊接情况下，间隙柱宜支撑在基板之外。为了提高效率和更好地保证焊接质量，可采用对称碰撞爆炸焊接的工艺来制造这种复合板坯，如图 6-9 所示。

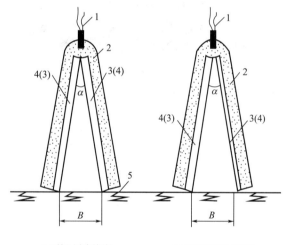

(a) 等厚度板焊接　　(b) 不等厚度板焊接

图 6-9　对称碰撞爆炸焊接的工艺安装示意图

1—雷管；2—炸药；3—覆板；4—基板；5—地面（基础）；B—间距；α—夹角

（3）钛-钢复合板结合区的组织

钛-钢爆炸复合板结合区的组织形态如图 6-10 所示。结合区通常呈现为波形状组织，波形的形状因焊接参数不同有所差别。不同强度和特性的爆炸载荷、不同强度和特性的金属材料，以及他们的相互作用，将获得不同形状和参数（波长、振幅和频率）的结合区波形。

在一个波形内，界面两侧的金属发生了不同的组织变化。在钢板一侧，离界面越近，晶粒的拉伸式和纤维状塑性变形的程度越严重，并且在紧靠界面的地方出现细小的类似再结晶或破碎的亚晶粒组织。在高倍放大的情况下，界面上还有一薄层沿波脊分布的熔化金属层，波前的漩涡区汇集了大部分爆炸焊接过程中形成的金属熔体。这种熔体内还含有一般铸态金属中常有的一些缺陷如气孔、缩孔、裂纹、疏松和偏析等。从界面到钢基体，随着距离的增加，纤维状塑性变形的程度越来越小。当离开波形区后，逐渐呈现出钢基体的原始组织形

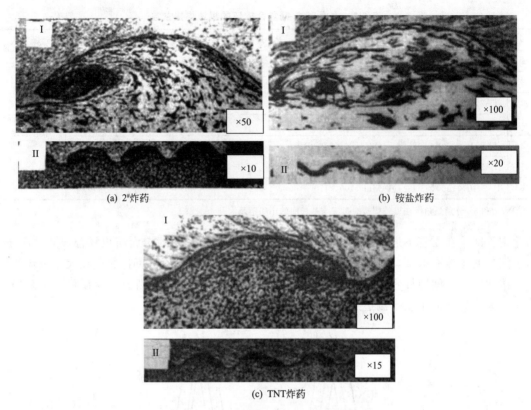

(a) 2#炸药   (b) 铵盐炸药

(c) TNT炸药

图 6-10   钛-钢复合板结合区的组织形态

态。在高倍放大的情况下，还会发现波形内外有不少的双晶组织。在钛板一侧，没有出现钢板一侧那种变形形状和变形规律的金属塑性变形，但出现了或多或少、长短疏密不同的特殊的塑性变形和塑性变形组织。

（4）钛-钢复合板的力学性能

钛-钢复合板的力学性能主要包括抗剪强度 σ_τ、抗拉强度 R_m 和弯曲性能等，见表 6-8。其中 TA2 覆板母材（热轧钛）的 R_m 为 490～539MPa，δ 为 20%～25%，Q235 钢基板（供货态）的 R_m 为 445～470MPa，δ 为 22%～24%。

表 6-8   钛-钢复合板的力学性能

状态	复合板及尺寸/mm	σ_τ/MPa	冷弯 $d=2t,180°$		HV 覆层/黏结层/基层
			内弯	外弯	
爆炸态	TA2-Q235,(3+10)×110×1100	397	良好	断裂	347/945/279
退火态	TA2-20G,(5+37)×900×1800	191	良好	良好	215/986/160

6.4.2   锆合金-不锈钢管接头的爆炸焊接

为了在核工程建设中节省稀缺和贵金属的金属材料以及降低工程造价，可以在反应堆内使用锆合金管，而在堆外使用廉价的不锈钢管。爆炸焊接很好地解决了这两种不同物理和化学性质管材的焊接问题。

（1）复合管的爆炸工艺

锆合金与不锈钢复合管的工艺安装如图 6-11 所示。

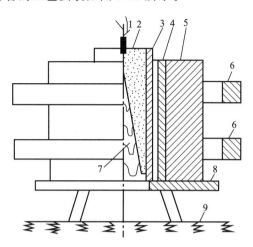

图 6-11　锆与不锈钢管爆炸焊接工艺安装示意图

1—雷管；2—炸药；3—覆管；4—基管；5—模具；6—固定环；

7—木塞；8—底座；9—地面（基础）

（2）结合区组织和力学性能

锆合金与不锈钢复合管爆炸焊接的结合区为有规律的波形结合，界面两侧的金属发生拉伸式和纤维状的塑性变形，离界面越近这种变形越严重。波前的漩涡区汇集了爆炸焊接过程中形成的大部分熔化金属，少量残留在波脊上，厚度为微米级。复合管接头的力学性能见表 6-9。

表 6-9　锆-不锈钢爆炸焊接参数及力学性能

No	锆覆管尺寸 /mm	1Cr18Ni9Ti 基管尺寸/mm	$W_g/g \cdot cm^{-2}$		h_0 /mm	热处理或试验状态		R_m/ MPa	弯曲角/(°)	
			TNT	2#		T/℃	t/mm		内弯	外弯
1	$\phi 42.0 \times 1.5 \times 125$	$\phi 50.0 \times 3.4 \times 120$	0.50	—	0.60	300	1440	372	—	—
2	$\phi 42.0 \times 1.5 \times 125$	$\phi 50.0 \times 3.4 \times 120$	0.50	—	0.60	400	1440	404	—	—
3	$\phi 42.0 \times 1.5 \times 125$	$\phi 50.0 \times 3.4 \times 120$	0.50	—	0.60	550	30	149	—	—
4	$\phi 42.0 \times 1.5 \times 125$	$\phi 50.0 \times 3.4 \times 120$	0.50	—	0.60	600	30	149	>100	>100
5	$\phi 46.0 \times 2.9 \times 155$	$\phi 65.0 \times 8.0 \times 150$	0.424	—	1.50			387	—	>100
6	$\phi 46.0 \times 2.9 \times 155$	$\phi 65.0 \times 8.0 \times 150$	—	0.565	1.50			418	—	>100
7	$\phi 42.0 \times 1.5 \times 125$	$\phi 50.0 \times 3.4 \times 120$	0.50	—	0.60	冷热循环 500 次		404	>100	>100
8	$\phi 42.0 \times 1.5 \times 125$	$\phi 50.0 \times 3.4 \times 120$	0.50	—	0.60	250℃ 瞬时拉剪		245	>100	>100

6.4.3　其他材料的爆炸焊接

除了钛-不锈钢、锆-不锈钢外，爆炸焊接还用于其他异种材料的连接，表 6-10 是常用材料爆炸焊接头性能。

表 6-10 常用材料爆炸焊接头性能

覆板材料	基板材料	抗剪强度/MPa	弯曲角/(°)
钛	铜	190~210	—
镍	钛	330	>167
镍	不锈钢	430	180
铜	钢	190~210	—
不锈钢	钢	290~310	180
铝	铜	70~100	—
铝	钢	70~120	—
铝	不锈钢	70~90	—
铜	铝合金	60~150	—
银	钢、铜	100	—
铅	钢、铜	60	—
钽	钢	—	180
钼	钢	—	180

6.5 爆炸焊的安全与防护

与其他焊接方法相比，爆炸焊是以炸药为能源进行焊接，爆炸过程中存在很多不安全因素。因此，爆炸焊工作中的安全问题就显得格外重要，必须制定严格的管理制度和实施规程。

1）炸药库要严格管理，管理人员必须昼夜值班，控制无关人员进入。炸药、雷管等物品必须分类分开存放，入库和出库要加以严格管理，做好相关的各项记录，做到账物相符。炸药和原材料、雷管和工作人员均需分车运输。严禁炸药和雷管同车运输。

2）爆炸场地应设置在远离建筑物的地方，进行爆炸焊的场所周围不得有可能受到损害的物体。

3）对从事爆炸焊工作的人员必须进行工种训练和考核，只有通过考核并取得操作证者才可以进行操作。同时接受安全和保卫部门的监督，遵守国家有关政策法令。爆炸焊操作过程中应由专人进行统一调度和指挥，应按事先计划好的工艺规程进行，雷管和起爆器应有固定专人管理。

4）在进行爆炸焊操作之前应确保所有工作人员及物品均处于安全地带，并确保所有人员做好防声、防震措施。引爆前给出信号，炸药爆炸 3min 后工作人员才能返回爆炸地点。若炸药未能爆炸，也必须在 3min 后再进入现场进行检查和处理。工作人员不得将火种、火源带入工作现场。

5）爆炸工作每告一段落要进行一次安全总结，查找事故苗头和安全隐患。

爆炸生产中通常使用低爆速的混合炸药，如铵盐和铵油炸药。前者由硝酸铵和一定比例的食盐组成，后者由硝酸铵和一定比例的柴油组成，仅使用少量的 TNT 来引爆炸药。硝酸铵是一种常见的化肥，它是非常稳定的，与食盐和"柴油"混合以后"惰性"更大。颗粒状的硝酸铵和鳞片状的 TNT 可以用球磨机破碎成粉末而不会爆炸。铵盐和铵油炸药只有在

TNT 等高爆速炸药的引爆下才能稳定爆炸。TNT 炸药还需靠雷管来引爆，而雷管中高爆速炸药只有在起爆器发出的几百伏高电压下才会爆炸。所以，在现场操作中，必须严格控制好雷管和起爆器，以避免安全事故的发生。

思考题

1. 简述爆炸焊的原理、特点及适用场合。
2. 爆炸焊基本类型有哪些？
3. 简述爆炸焊工艺过程及其接头结合面的形式。
4. 爆炸焊的主要工艺参数有哪些？这些参数对接头有什么影响？
5. 爆炸焊缺陷有哪些？怎样消除或避免？
6. 怎样进行爆炸焊质量检验？
7. 任举一例说明爆炸焊的应用场合，和熔焊接头相比有什么不同？
8. 爆炸焊接大面积复合板和大厚板坯时各应注意哪些问题？
9. 爆炸焊工作中应注意哪些安全问题？
10. 为什么说爆炸焊现场操作中，必须严格控制好雷管和起爆器？

第7章

高 频 焊

高频焊（high-frequency welding）是利用 10～500kHz 高频电流流经金属连接面产生电阻热并施加（或不施加）压力达到金属间结合的一种焊接方法。

在一些情况下，高频电流使金属熔化，然后再形成焊缝。可是，在大多数高频焊中，焊接电流用来加热被焊工件的接触表面，以便能获得一个良好的固相焊缝。如产生熔融金属，则它既不留在焊缝中，也不直接参与焊缝的结合。所以高频焊接属于固相焊。

高频焊分高频电阻焊（high-frequency resistance welding，HFRW）和高频感应焊（HFIW）两种。高频电阻焊时，电流是通过电极触头（又叫接触子）直接接触导入工件进行焊接的，故又称接触高频焊。而高频感应焊时，则是通过外部感应线圈的耦合而在工件内部产生感应电流进行焊接的，电源与工件不发生有形的电接触。尽管这两种焊接方法高频电流（或能量）导入工件的方法不同，但电流流经焊接区进行电阻加热和形成焊缝在本质上是一样的。

 7.1 高频焊原理

7.1.1 基本原理

主要以高频电阻焊为例，固相焊接的概念有助于理解高频电阻焊。固相焊接可分为两类：扩散焊接和形变焊接，高频焊接属于一种形变过程。所有固相焊接过程都有一个共同的问题：靠跨越焊缝界面原子力的作用克服金属表面障碍而形成焊缝，固相焊的关键是让洁净的金属表面接触，从而使两边的原子力能相互作用。

通常，高频电阻焊需安排几道工序进行表面清理，以利于焊缝的形成。结合面一般要加热到熔点以上的高温，而且利用相当大的塑性变形来排除结合面上被污染的金属，使得这些表面紧密接触。

采用高频电流加热结合界面，是由于高频电流流过导体时，具有焊接速度高、焊接时不存在接头刻蚀或飞溅、可焊接厚壁零件等独特优点。

高频焊利用了高频电流的集肤效应（趋表效应）和邻近效应两大特性来实现焊接。

（1）集肤效应（趋表效应）

其是高频电流倾向于在金属导体表面流动的一种现象。集肤效应用电流的透入深度来度量，其值愈小，表示集肤效应愈显著。电流的透入深度 Δ 与电流频率 f，材料的电阻率 ρ 及磁导率 μ_T 有关，其关系式是

$$\Delta = 5030 \sqrt{\frac{\rho}{\mu_T f}} \tag{7-1}$$

式中　Δ——电流的透入深度；

　　　ρ——材料的电阻率；

　　　μ_T——磁导率；

　　　f——电流频率。

可见，随着电流频率的增加，电流透入深度减少，集肤效应显著。不同的金属材料有不同的磁导率和电阻率，而且它们都和温度有关。同一种材料，随温度的上升，电阻率也上升，集肤效应下降。

（2）邻近效应

当高频电流在两导体中彼此反向流动或在一个往复导体中流动时，就会出现电流集中流动于导体邻近侧的奇异现象，此现象称邻近效应。图 7-1 比较形象地表示了这种效应，电流从一根绕金属板边的导线流过，并从 A 点导入金属板，从 B 导出。图 7-1（a）中因通入的是直流或低频电流，故在金属板内电流大部分都走最短路径，集中在下部流动（见虚线所示）。而图 7-1（b）中则通入的是高频电流，电流大部分却沿板边（靠导线最近）流动。产生这种邻近效应的原因是感抗在高频电路的阻抗中起决定性作用。对高频电流而言，当邻近导体与金属板边间构成往复导体时（流向相反），其间形成的感抗最小。而电流趋向于走感抗最小的路径。

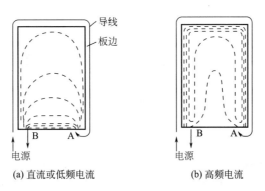

(a) 直流或低频电流　　　(b) 高频电流

图 7-1　邻近效应的产生

邻近效应随频率增加而增大，随邻近导体与工件之间距离愈近而愈强烈，因而使电流更为集中，加热程度更显著。若在邻近导体周围加一磁心，则高频电流将会更窄地集中于工件表层，见图 7-2。

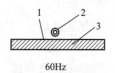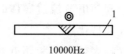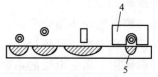

(a) 低频，电流通过整个截面，　(b) 高频，电流被约束在窄区内　(c) 邻近导体的形状、位置和磁芯对
　　邻近导体几无影响　　　　　　　　　　　　　　　　　　　10000Hz电流的影响

图 7-2　在各种邻近导体附近的电流深度和分布

1—钢板；2—邻近导体；3—钢板中的电流；4—磁芯；5—最窄电流区

7.1.2　高频焊过程

高频焊对焊件加热是借助高频电流的集肤效应把高频电流集中于待焊的表层，再利用高频电流的邻近效应控制住高频电流流动的路线、位置和范围，使电流只流过工件中需要加热的区域。

高频可分为两种，一种是高速连续焊接两个或多个金属零件，即连续高频焊。另一种是一定长度或单个零件的高频焊，它是将整个被焊面同时加热形成焊缝。

图 7-3 为接缝长度有限的高频焊接过程示意图。无论是对接还是 T 形接，其待接端面彼此平行且留有一定间隙，高频电流从接触子导入，沿箭头方向流动。两端面就构成了往复导体，高频电流的集肤和邻近两效应，使电流集中从端表面层流过而被迅速加热到焊接温度，经加压后即形成焊接接头。

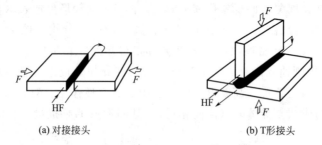

(a) 对接接头　　　　　　　　　　　　(b) T形接头

图 7-3　长度较小零件的高频焊原理

HF—高频电源；F—压力

如果是接缝很长的工件，则需采用连续的高频焊，为了有效地利用高频电流的集肤和邻近两效应，被焊工件的待接面都要制成 V 形开口结构。图 7-4 为用 V 形开口结构制造三种类型产品示意图，V 形开口结构的形状对形成良好焊缝很重要。如图 7-5 所示，两待接面之间构成了 V 形会合角 α。

高频焊时，通过置于待焊工件边缘的电极触头，向工件导入高频电流。由于集肤效应，电流由一个电极触头沿边缘流经会合角顶点再流到另一电极触头（如虚线箭头所示），就形成了高频电流的往复回路。由于邻近效应，愈接近顶点，两边缘之间的距离愈小，产生的邻近效应愈强，边缘温度也愈高，甚至达到金属的熔点而形成液体金属过梁。由于通过的电流密度很大，过梁被剧烈加热，当其内部产生的金属蒸汽压力大于液体过梁的表面张力时，便爆破而呈金属火花喷溅。随着工件连续不断向前移动，所喷溅的细滴火花也连续不断，这种情况与闪光对焊时相似。工件边向前运动，边受挤压力的作用，把液态金属和氧化物挤出去，纯净金属便在固态下相互紧密接触，产生塑性变形和再结晶便形成牢固的焊缝。通常将

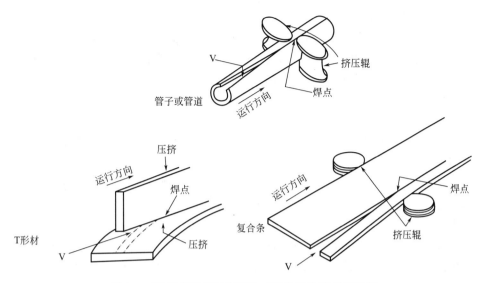

图 7-4　用 V 字形开口制造的三种类型的产品示意图

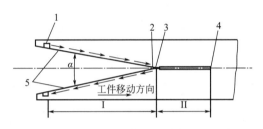

图 7-5　V 形开口两边加热及熔化过程示意图

Ⅰ—加热段；Ⅱ—熔化段；α—会合角；

1—电极触头；2—会合点；3—液体过梁；4—焊合点；5—V 形会合面

电极触头（或感应器）到液体过梁之间的一段叫加热段，将液体过梁到挤压点（亦称焊合点）之间的一段叫熔化段。大量研究和生产实践表明，金属火花喷溅和熔化段长度的稳定性，对高频焊焊接质量稳定性有决定意义；它与高频焊焊接参数，如输入功率、焊接速度等有着密切关系。

　　V 形会合角 α 一般取 $4° \sim 7°$ 之间。如果会合角过小，夹角尖顶（焊接点）就不会固定在一点上，焊缝将发生波动，也可能出现从焊点逆流的打弧现象。而会合角过大，则可能失去对零件边缘的控制，边缘被拉长，焊后易起皱。

7.2　高频焊的优缺点及基本应用

（1）优点

1）焊接速度高。因高频电流的集肤效应和邻近效应，使电流高度集中于焊接区，加热速度快，一般焊接速度达 $150 \sim 200 \text{m/min}$。

2）焊接热影响区小。焊接速度快，热输入小，热量集中在很窄的连接表面上。而且工件的自冷作用强，所以热影响区一般都很窄。

3）焊前对工件可以不清理。因为高频电流的电压很高，对表面氧化膜能导通，且焊接时一般又能把它们从接缝中挤出去。

4）焊接同样的管子所需的功率比用工频电阻焊时小，且可以焊接 0.75mm 的薄壁管子。

5）大多数高频焊机是从三相电网输入电能，不会造成网路失衡。

6）能焊接的金属广，如碳钢、合金钢、不锈钢、铜、铝、镍、锆及其合金等，也能进行异种金属焊接。

（2）缺点

1）焊接时对接头装配质量要求高，尤其是连续高频焊接型材时装配和焊接都是自动化的，任何因素造成 V 形开口形状的变化都会引起焊接质量问题。

2）电源回路中高压部分对人身和设备的安全有威胁，要有特殊保护措施。

3）高频焊设备在无线电广播频率范围工作，易造成辐射干扰。

（3）基本应用

由于高频焊的工艺特点和它的一系列优点，目前广泛应用于管材制造方面，如有缝管、异型管、螺旋散热片管、鳍管、电缆套管等，还能生产各种截面的型材、双金属板和一些机械产品，如汽车轮圈、工具钢和碳钢组成的锯条等。

图 7-6 示出了高频焊的基本应用。图中只有（b）、（h）和（i）用高频感应焊，这种焊接方法只能用于能全部在工件内部形成闭合电流通路或完整回路的场合。

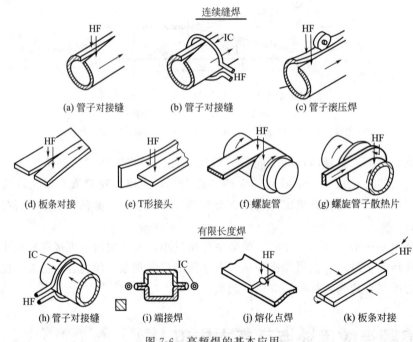

图 7-6　高频焊的基本应用

HF—高频；IC—感应圈

7.3　高频焊设备

高频焊的核心设备是高频发生器及其输出装置，其余都是根据产品（焊件）结构特点和生产的机械化与自动化程度而配置的一些辅助设施。

7.3.1　高频发生器

它是高频焊的电源。对于 $3000\sim10000$Hz 频率范围的高频电源一般是电机驱动的高频发电机或半导体逆变器，$100\sim500$Hz 的连续高频电源通常采用真空管高频振荡器。应用最广的是真空管高频振荡器，其输出功率范围 $1\sim600$kW。

图 7-7 所示是频率为 $200\sim400$kHz 高频振荡器的基本线路。电网经电路开关、接触器、晶闸管调压器向升压变压器和整流器供电。升压变压器和整流器把电网的电转变为高压直流电供给振荡器。振荡器将高压直流电转变为高压高频电供给输出变压器。然后输出变压器再将高压小电流的高频电转变为低电压大电流的高频电，并直接输给电极触头或感应圈。该高频振荡器采用晶闸管调整高频振荡器的输出功率，要比采用自耦变压器、闸流管或饱和电抗器等方法好。其电压调整范围广，为 $5\%\sim100\%$；调节精度高，在 $\pm1\%$ 以下；反应速度快，在 1s 以下；且易于实现电压和输出功率的自动控制。缺点是整流电压波形脉动大，故需在高压整流器的输出端加设滤波器，以保证电压脉动系数小于 1%。

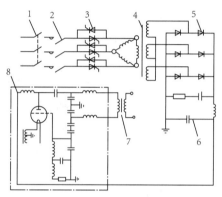

图 7-7　高频振荡器的基本线路

1—电路开关；2—接触器；3—晶闸管调压器；4—升压变压器；5—整流器；

6—滤波器；7—输出变压器；8—振荡器

7.3.2　电极触头

又叫接触子，是高频电阻焊时用以向工件传导高频电流的重要部件，经常处在高温及与焊件发生滑动摩擦（连续高频焊时）的条件下工作，因此要求具有高的电导率、热导率和耐磨性，具有足够的高温强度和硬度。通常是由铜合金或以铜或银为基体镶入硬且耐热的铜钨、银钨或锆钨等合金制成。由于触头承受相当高的电流，一般需对触头及其支座增设水冷装置。为了节省贵重金属和便于维修和更换，可以设计成图 7-8 所示结构，触头块用钎焊焊到铜或钢制的触头座上。

触头加到焊件上的压力一般很小。对于连续焊挤压压力范围为 $20\sim200$N，对于断续焊为 $20\sim400$N。触头块的尺寸视传输电流大小和工件形状而定，一般为宽 $4\sim7$mm，高 $6.5\sim7$mm，长 $15\sim20$mm，而传输电流一般在 $500\sim5000$A。

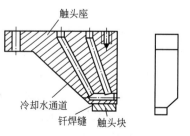

图 7-8　触头结构示意图

7.3.3　感应圈（又称感应器）

其是高频感应焊用以传递焊接能量的重要部件。它的作用是使高频交流电产生交流电磁场，以满足工件高频感应加热的需要。通常是用铜管、铜棒或铜片制成单匝或 2～4 匝的金属环，其内部通冷却水。

单匝感应圈一般不需绝缘物，而多匝感应圈为防止匝间起弧常缠上玻璃丝带再浇灌环氧树脂以绝缘。

焊管用的感应圈与管间的间隙对效率有影响，通常取 3～5mm，过大使效率急剧下降，过小易造成与管坯之间放电或易被撞坏。感应圈的宽度根据管子外径 D 来确定，通常单匝感应圈宽度 $b=1～1.5D$。取得过大或过小，效率都会降低。用 2～4 匝感应圈时，因其效率较高其宽度可以适当小些。

7.3.4　阻抗器

在管材或筒形件的焊接中，无论是高频电阻焊还是高频感应焊都有无用的电流围绕着管子或筒内表面流动，这部分电流对接合面的加热不作贡献。为了减小管子内壁这种耗散电流，往往在管子内焊接区段放置磁铁棒，即阻抗器。这样就增加了管内电流通道的感抗，使更多的能量用到焊接区的加热上，在给定的输入功率下可相应提高焊接速度。

阻抗器通常是由一种或多种铁氧体组成的，它们都需用水冷却，以使其工作温度低于其丧失磁性的居里温度。

7.3.5　焊接挤压辊

挤压辊的作用是将边缘被加热到焊接温度的管坯，通过挤压辊施以一定的压力达到焊接的目的。挤压辊的形式有二辊式、三辊式、四辊式和五辊式等多种形式，如图 7-9 所示。一般小直径钢管大都采用二辊式挤压辊。焊接高强度厚壁管以及直径较大的钢管，由于钢管回弹较大，或轧辊上各点线速度差异较大，容易对轧辊产生划伤，大都考虑四辊式或五辊式挤压辊。

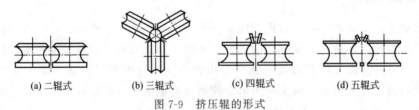

(a) 二辊式　　　(b) 三辊式　　　(c) 四辊式　　　(d) 五辊式

图 7-9　挤压辊的形式

为了精确地调整挤压辊孔型和使孔型中心对准机组中心，挤压辊应具有灵活的调整机构；同时挤压辊支座应具有足够的刚度。否则，管缝游动使焊接质量不稳定。挤压辊在满足强度和刚度要求的情况下，应尽可能做得小一些。采用感应焊时，挤压辊的轴径和底座尺寸也应尽可能地小。例如，生产小规格焊管时，可将挤压辊做成一个整体，以减少挤压辊的外形尺寸；生产管径较大的焊管时，可采用多辊式结构，以减少挤压辊的直径。为了防止金属黏附在挤压辊上，并减少挤压辊和管坯的摩擦，要使用冷却液对挤压辊进行充分的冷却和润滑。

7.4　典型焊接工艺

7.4.1　连续高频焊

7.4.1.1　金属管纵缝连续高频焊

有缝金属管子的制造既可用高频电阻焊，又可以用高频感应焊。两者焊前和焊后的工艺过程基本相同，仅焊接原理上有区别。

(1) 高频电阻焊制管原理

如图 7-10 所示，带材由成形机组制成大致管形后，在挤压辊挤压下，使接头两边会合成 V 形的会合角。高频电流经放在会合角两侧的一对滑动电极触头导入焊件，由一个触头沿 V 形边缘流经会合点传回到另一触头，于是在 V 形会合角两边的表层形成往复回路，产生邻近效应，使两边电流密度增大，产生电阻热。调整好焊接功率和焊接速度，就能使会合角两边和会合点表层加热到焊接温度或熔化温度。有时在会合点到已会合的一段区域内产生连续的金属火花喷溅。在挤压辊作用下管坯两边挤到一起，并挤出氧化物和杂质。同时，接头两接触面间产生强烈顶锻，促使金属原子之间牢固地结合在一起。接着，用设置在焊接机组前边的刨刀，将挤出的氧化物及墩粗部分的金属刨削掉，再用定径和校直装置将管子定径和校直。

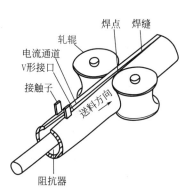

图 7-10　连续高频电阻焊制管过程原理图

随着带材不断地快速送进，电极触头连续导入高频电流，挤压辊和刨刀不停地工作，就实现了高频电阻焊连续制管全过程。

根据会合角两侧金属加热的程度和焊接时是否产生火花喷溅，高频电阻焊制管可分为闪光焊法和锻压焊法两种。由于闪光焊法易于排除金属氧化物，焊接质量不但高而且稳定，因而是高频焊接制管中最常用的方法。

为了提高焊接效率，已如前述，焊接管状焊件时，需在成形管坯内设置阻抗器，以增加绕管坯内壁流动电流的阻抗，减少无效的分流。

高频电阻焊可焊制直径 1200mm 以下，壁厚 15mm 以下所有规格的管子。

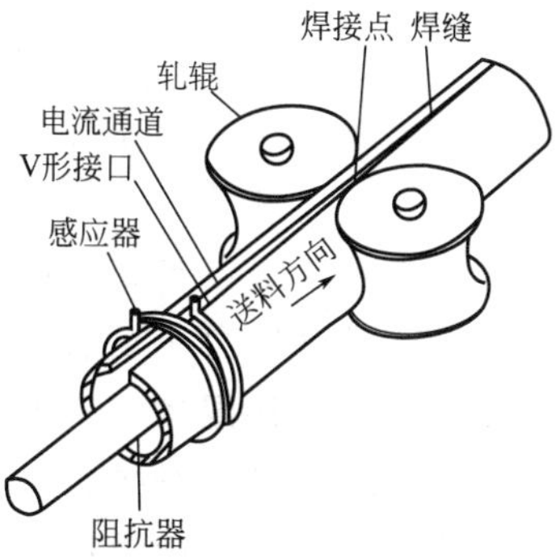

(2) 高频感应焊制管原理

如图 7-11 所示，与前述高频电阻焊比较，主要不同是向已形成 V 形会合角的两侧管坯导入电能的方法，不是使用电极触头直接导入，而是采用套在管坯处的感应圈产生。当感应圈中通入高频电流时，管坯中在交变磁场作用下产生感应电流。该感应电流大部分也和高频电阻焊一样，沿管坯的一边的外表面流经会合点后又回到另一边的外表面，形成了往复回路，构成了邻近效应的条件，于是这部分感

图 7-11　连续高频感应焊制管原理图

应电流便集中加热在会合面上，使管坯待接边缘快速加热至焊接温度甚至达到熔点。后面的挤压辊的挤压使边缘焊合以及刨削飞边毛刺等过程与高频电阻焊管完全相同。

同样，部分感应电流也耗散在管坯内表面上，为此也需采用阻抗器以增加管内壁的电抗，减小无效电流，达到提高焊接效率。

采用高频感应焊的好处是：

① 能制造无斑痕、表面光洁度高的管材；

② 能用带镀层的金属制造管材；

③ 能用异形钢带制造管件；

④ 在薄壁管材表面上不留夹钳或接触的痕迹；

⑤ 在接触板和焊接管坯之间由于摩擦和交互作用而存在问题的材料也可以用此法焊接；

⑥ 在 10000～450000Hz 的频率范围内都能焊接。

高频感应焊接的主要缺点，首先与高频电阻焊工艺相比，在材料厚度和焊接速度相同的情况下，感应焊接工艺需要的功率大一些；在管子周围有电阻造成的损失，电阻损失的值比高频电阻焊工艺大一些；其次是被焊产品的形状受限制，尚未见到用感应焊接工艺焊接非管状零件的情况。

高频感应焊可焊制直径<220mm、壁厚<11mm 的各种规格的管子。

(3) 焊接工艺参数

1）电源频率　高频焊可以在很广的频率范围内实现。从焊接效率看，提高频率有利于集肤效应和邻近效应的发挥，有利于电能高度集中于连接面的表层并快速地加热到焊接温度，从而可以显著提高焊接效率。从焊接质量看，频率的选择取决于管坯材质和壁厚。有色金属管材焊接用的频率要比碳钢管材的高些，因前者热导率大，需比钢材更大的焊接速度焊接才能使能量更为集中。此外，焊接薄壁管宜选用高一些的频率，厚壁管材用低一些的频率，这样易保证接缝两边加热宽度适中，沿厚度方向加热易均匀。

焊接碳钢管材时多采用 350～450kHz 的频率，只有在制造特别厚壁管材时，才采用 50kHz 的频率。

2）会合角　V 形开口的会合角 α 对焊接过程稳定性、焊缝质量、焊接效率有很大影响。焊管通常取 α=2°～6°。会合角小，邻近效应显著，有利于提高焊接速度。但过小，则"闪光"过程不稳定，接缝易产生深坑或针孔等缺陷。若会合角过大，邻近效应减弱，焊接效率下降，功率消耗增加。此外，边缘易产生折皱。

3）管坯坡口形状　薄壁管的管坯坡口用 I 形坡口即可，厚壁管若用 I 形坡口，在坡口横截面的中心部分会加热不足，而上下边缘则相反，会加热过度。因此，厚壁管宜用 X 形坡口，使整个截面加热均匀。

4）对接形状的选择　从理论上讲，通过轧辊孔型和导向环的设计，可以形成三种对接形状，即 V 形对接、I 形对接和倒 V 形对接，如图 7-12 所示。V 形对接由于钢管内侧先接触焊合，内侧焊接电流大于外部焊接电流，使内侧温度大于外壁焊接温度，V 形对接需要更多的热输入。I 形对接钢管内外壁同时接触，温度比较均匀。倒 V 形对接和 V 形对接正好相反，钢管外壁先接触焊合，外壁焊接电流大于内部焊接电流使外壁温度高于内侧。

由于进入封闭孔型前钢带外侧拉伸、内侧压缩，进入封闭孔型后减径作用以及形成管坯

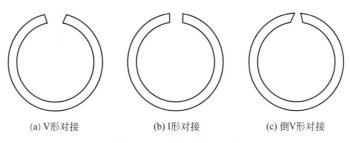

(a) V形对接　　　　　(b) I形对接　　　　　(c) 倒V形对接

图 7-12 三种不同对接形状

后内外周长差的综合原因，容易形成 V 形接触。在实际生产时必须对 V 形大小进行控制。如果 V 形太大，内侧较外侧提前接触时间较长，外部电流较小，内外侧温度差异较大，容易造成焊接缺陷。

对薄壁管，为了便于观察焊接温度，一般控制成 V 形对接，对厚壁钢管，尽可能控制成 I 形或小 V 形对接形状。因为如果是大的 V 形对接，内外壁焊接温度差异较大，一方面造成外部未焊合，另一方面，内壁焊接温度高造成内毛刺较大，内毛刺清除困难，而且容易造成焊瘤堆积，损坏阻抗器盒。

5）电极触头、感应圈和阻抗器的安放位置

① 电极触头位置　触头的位置尽可能靠近挤压辊，以提高效率。它与两挤压辊中心连线的距离一般取 20～150mm。焊铝管时取下限，焊壁厚 10mm 以上的低碳钢管时取下限。且随管径增大而适当增大，表 7-1 是典型的电极触头位置的数据。通常两电极触头间的电压为 50～200V，焊接电流范围 1000～3000A。

表 7-1 电极触头位置（低碳钢）　　　　　　　　mm

管外径	16	19	25	50	100
至两挤压辊中心连线距离	25	25	30	30	32

② 感应圈位置　感应圈应与管子同心放置；其前端距两挤压辊中心连线的距离也影响焊接质量和效率。其值也随管径和壁厚而定，表 7-2 是典型感应圈位置数据。

表 7-2 感应圈位置（低碳钢）　　　　　　　　mm

管外径	25	50	75	100	125	150	175
至两挤压辊中心连线距离	40	55	65	80	90	100	110

③ 阻抗器位置　阻抗器也应与管坯同轴安放，其头部与两挤压辊中心连线重合或离开中心连线 10～20mm，以保持较高的焊接效率。阻抗器与管壁之间的间隙一般为 6～15mm，间隙小可提高效率，但不能太小。

6）输入功率　焊接所需的输入功率必须能在较短时间内使连接面加热到焊接温度。与工频电阻焊一样，焊接所需功率决定于管材的材质和壁厚，铝管焊接所需功率要比钢管大，厚壁的管子要比薄壁的焊接功率大。对给定的管子焊接时，若输入功率过小，则管坯坡口面加热不足，达不到焊接温度而产生未焊合；若输入功率过大，则管坯坡口面加热温度高于焊接温度面会发生过热或过烧，甚至焊缝击穿，造成熔化金属严重喷溅，形成针孔和夹渣等缺陷。高频焊管机的额定功率目前有 100kW、200kW、400kW 三挡。

7）焊接速度 提高焊接速度，管坯坡口面挤压速度随着提高，有利于把被加热到熔化的两边金属层和氧化物挤出去，从而获得优质焊缝。同时还能缩减坡口面加热时间，使形成氧化物的时间变短和热影响区变窄。如果降低焊接速度，则热影响区变宽，坡口面熔化金属层和氧化物层变厚，挤压出的毛刺增多，焊缝质量下降。

但是在输出功率一定的情况下，不能无限地提高焊接速度，否则加热达不到焊接温度而未能焊合。表 7-3 为管子高频电阻焊所用的焊接速度。

表 7-3 高频电阻焊制造不同壁厚管子的焊接速度（电源：160kW，400kHz）

壁厚/mm	焊接速度/(mm/s)	
	钢	铝
0.75	4500	5000
1.5	2500	3000
2.5	1500	1800
4	875	1120
6.4	500	620

8）焊接压力 管坯坡口两边被加热到焊接温度后，就必须对其施加压力才能实现焊接。加压是为了使 V 形开口封闭，产生塑性变形，使连接界面原子间产生结合。压力是通过两旁挤压辊轮实现，一般焊接压力以 100～300MPa 为宜。有些焊机上没有直接测量焊接压力的装置，于是用接头管坯被挤压的量来代替焊接压力。做法是通过改变挤压辊的间距来调节控制挤压量。通常挤压量随管壁厚度不同而异，可参考表 7-4 的经验值选取。

表 7-4 管子高频焊挤压量的经验值

管壁厚 δ/mm	≤1.0	1.0～4.0	4.0～6.0
挤压量/mm	δ	$2/3\delta$	$1/2\delta$

(4) 常用金属的管子焊接要点

1）碳钢和低合金高强度钢管的焊接 通常用碳当量评估其焊接性。计算材料碳当量的公式为：

$$CE = \omega(C)\% + 1/4\omega(Si)\% + 1/4\omega(Mn)\omega\% + 1.07\omega(P)\% + 0.13\omega(Cu)\%$$
$$+ 0.05\omega(Ni)\% + 0.23\omega(Cr)\%$$

当材料的碳当量小于 0.2％ 时，其焊接性好，焊后不需进行热处理；碳当量大于 0.65％ 时，焊接性差，焊缝硬脆易裂，禁止焊接；碳当量在 0.2％～0.65％ 之间的材料，焊接性尚可，但焊后需立即进行正火热处理，使焊缝硬度与母材料一致，通常是在线正火处理，即在焊接和切去钢管外毛刺之后，在通水冷却和定径之前，用中频感应对焊接区连续加热的办法进行。低合金高强度钢管焊接多需做焊后正火处理。

2）不锈钢管的焊接 由于不锈钢导热性差、电阻率高、焊接同样直径和壁厚的管子所需热功率比其他钢材的管小，故在相同输入功率情况下，能很快达到焊接温度，可以用较高的速度进行焊接；不锈钢管坯在成形辊系作用下，易冷作硬化，且回弹大，故需正确设计辊系机件，恰当调整辊轮之间的间隙，亦须加大挤压力。一般比焊制低碳钢管时增大 40～50MPa。

此外，要注意焊后热影响区耐腐蚀性能降低问题。通常是采用焊前固溶处理，高的焊接速度和焊后使管材通过冷却器急冷等措施来避免和抑制热影响区析出碳化物，以获得耐蚀性能良好的接头。

3）铝及铝合金管的焊接　铝及铝合金熔点低，易氧化，焊接时接合面很快被加热到熔化温度，且发生剧烈氧化而生成高熔点的 Al_2O_3 膜，必须把它挤出来。为了缩短铝及铝合金在液态温度下停留时间，又保证母材能在固相线温度以上焊合，并减少散热所引起温度降低，常提高焊接速度和挤压速度。

铝合金是非导磁体，高频电流穿透深度较大，故焊制同样壁厚管材，选用较高的频率。此外，对高频电源的电压和功率要求具有较高的稳定性和较小的波动系数。

4）铜及铜合金管的焊接　铜及铜合金也是非导磁材料，且又都具有良好的导热性，故焊接时也需采用较高的频率和较高的焊接速度，以使电能更集中于接合面以减少热量散失。焊接黄铜时，接合面加热到熔化时锌易氧化和蒸发，故也需快速加热和挤压，把熔化的和氧化的金属挤出去。

7.4.1.2　散热片与管的高频焊

为了增加散热器用管的散热表面积，常用高频焊在管外表面焊上螺旋状的散热片或纵向的散热片，俗称翅（鳍）片管。

图 7-13 为螺旋翅片与管高频电阻焊的示意图。$0.3 \sim 0.5mm$ 厚的薄翅片可在焊接之前轧制成各种形状，也可在成形的同时连续进行焊接。焊接时管子作前进与回转运动；散热片以一定角度送向管壁，并由挤压辊轮挤到管壁上；当散热片与管壁上的电极触头通有高频电时，会合角边缘金属被加热，经挤压而焊接进来。

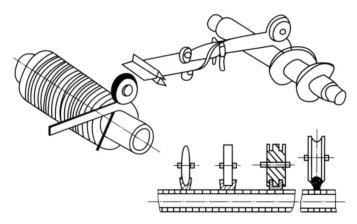

图 7-13　螺旋翅片与管高频电阻焊示意图

图 7-14 为纵向鳍片与管高频焊的示意图。鳍片的厚度与其高度及与其相焊的管子壁厚有关，一般在 6mm 以下。管子必须能承受加在鳍片上的挤压而无明显变形，为了防止管子焊后产生弯曲变形，应同时在管子两侧焊接两条鳍片。

散热片与管高频焊接的速度非常快，其速度范围是 $50 \sim 150m/min$，可焊管子直径为 $16 \sim 254mm$，可焊材料很多，低碳钢散热片一般用于低合金钢管，不锈钢散热片可焊到碳钢或不锈钢管上。此外，还有铝散热片与铜镍合金管，锆锡合金散热片与锆锡合金管焊接等。

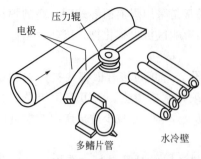

图 7-14 纵向鳍片与管高频焊示意图

7.4.1.3 型钢的高频电阻焊

高频电阻焊也用于结构型钢的生产，如 T 形、I 形和 H 形梁的生产。图 7-15 示出用高频电阻焊生产 I 形或 H 形梁的生产线，可生产腹板高度达 500mm，厚度达 9.5mm。生产时将三卷带钢抽出送入焊接滚轧机，由两台高频电阻焊机同时将腹板和两个翼板间的 T 形接头焊成，其焊接速度为 125～1000mm/s。图中右下角示出焊接挤压辊和矫直辊工作的局部放大图。

连续高频焊还可以用于生产螺旋管，电缆套管（纵缝焊接）。

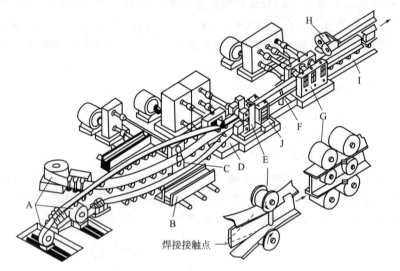

图 7-15 用高频电阻焊生产 I 形或 H 形梁的生产线

A—开卷机和校平机；B—翼板送料器；C—腹板镦粗机；D—翼板预弯机；E—焊接工位；F—冷却区；
G—纵向和翼板矫直机；H—切断锯；I—送出并运走；J—表面缺陷清除工位

7.4.2 断续高频焊

焊件接缝长度有限时，不宜采用连续高频焊，而采用断续高频焊，如管子环缝的对接焊，板件的对接或 T 形接焊。

7.4.2.1 锅炉钢管高频对焊

两根锅炉钢管接长时，采用高频感应对焊，如图 7-16 所示。这两根待连接管子固定在夹头（图中没示出）上，并使之相互接触。感应圈套在接头处的管子外围。当感应圈通有高频电流时，接头处便产生感应电流，使两管端头很快加热到焊接温度（不熔化）。然后施加顶锻压力即完成焊接。

用此法焊接管子其接头内侧没有毛刺，只呈现缓慢的凸起，对管内液体阻力小，故适于锅炉管子对接，可焊接壁厚小于 10mm，直径 25～320mm 的管子。其焊接时间为 10～60s。

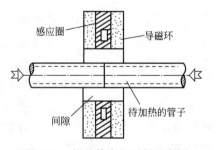

图 7-16 锅炉管高频对焊示意图

7.4.2.2　平板高频对焊

平板连接长度较短时，可采用图 7-17 所示的方法焊接。将两待焊板（带）材的端头放在铜制的条形平台上，并使之相互接触。同时置邻近感应器于接缝的上方，将其一端与条形平台相连，另一端及条形平台的另一端分别接到高频电源的输出端。高频电流沿铜条上面流到接头上缘，然后，该电流顺接头流动，趋表效应使电流沿接头的表层流动。当电流流至接头尽头，则返回到铜条的上表面并导走。一秒钟内电阻加热接头，随之锻压完成焊缝。

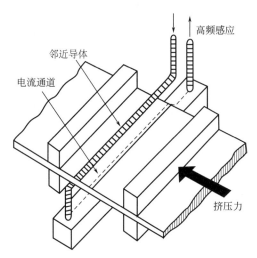

图 7-17　断续高频电阻焊原理图

通过改变高频频率，可以调节电流的穿透深度，使焊缝沿厚度方向加热均匀。与闪光对焊比较，此法焊接无烟尘或金属飞溅，损耗金属量少，焊缝与基体金属厚度相近，毛刺少。很适于 0.6～5mm 厚、76～900mm 宽（缝长）的钢板的对接。钢、不锈钢及镀锌的扁钢均可焊接，3mm 的低碳钢，对接缝长 191mm 仅需 1.1s 即焊成。

与电阻缝焊相比优点如下。

① 工件或焊头不需移动，一次即焊成连续高质量焊缝。

② 所需要的卷边宽度比一般电阻缝焊的小。

该工艺能够焊接无涂层钢和某些不锈钢的两层或多层卷边焊缝，如图 7-18 所示。焊缝可以是直线或曲线，其长度范围为 76～900mm。卷边总厚度达 7.6mm。在四层（1.3mm）厚的 409 不锈钢上，一条长 0.6m 的焊缝，大约两秒钟内就可焊完。生产设备能自动或手工进行装料，电流沿着钢板卷边外缘传导入钢中，深度为 5.8mm。在卷边焊工艺中，板材或薄板对接卷边外缘的焊前准备与条材对接焊采用同样办法进行。图 7-19 是一台挤压装置和一套锻锤锻焊装置，表示将加热了的卷边进行锻焊的情况。理想的接头装配是卷边全长能够完全接触，然而，未夹紧的边缘还是允许有 0.13mm 的间隙。即使不良配合也容易压在一起，见图 7-20。图 7-20（b）的挤压装置上方的锻锤用作这种锻焊。这种方案比图 7-20（a）所示的需要更宽的卷边，后者把夹紧和锻压合并为一个装置，使用了高密度不导电的陶瓷材料，如氧化铝或氮化硅。卷边被压在一起之后，高频电流加热该卷边处，再加大压力锻成焊缝。该陶瓷材料必须承受高压高温和热冲击。图 7-21（a）和（b）说明了卷边焊中材料可以用不同厚度组合起来，而图 7-21（c）除直线卷边外，其他形状的卷边也可焊。电流穿透工艺也适用于圆形或椭圆形工件的卷边焊，生产率可达每小时 900 件。

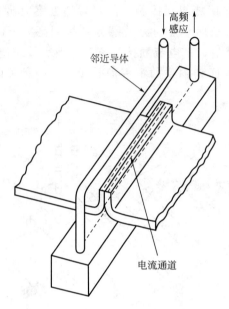

图 7-18　有限长度电流穿透卷边焊

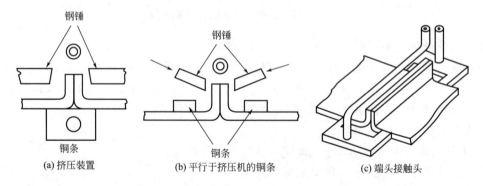

图 7-19　挤压装置和锻锤锻焊装置

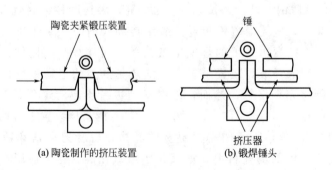

图 7-20　挤压装置和锻焊锻锤

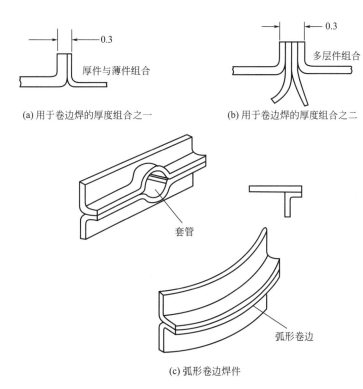

(a) 用于卷边焊的厚度组合之一　　　　　(b) 用于卷边焊的厚度组合之二

图 7-21　卷边焊厚度材料组合及弧形卷边焊件

7.5　高频焊焊接质量及检验

7.5.1　高频焊焊接质量

高频焊的特点是焊合面加热速度快，加热时间可以短到 0.01s，也可长达 1s，加热后立即进行挤压，挤压时间一般为加热时间的 1/3。在挤压过程中，加热到熔融状态的氧化物被挤出了界面，带走了结合面的杂质，获得纯净和优质的焊接接头。高频焊不需要添加异质金属，实际上是一种锻焊。一旦加热停止，接头处的热量传导给周围未被加热的金属，由于快速焊接的结果，接头很少或者没有晶粒长大的现象。

高频焊接头中，很少发现熔焊时易于产生的气孔、夹渣等体积型缺陷，但因原材料质量控制、接头准备或焊接参数不当，也会产生诸多缺陷，表 7-5 为高频焊制管常见缺陷。

表 7-5　高频焊制管常见缺陷

名称	形态		可能产生的原因
冷焊	未熔合面 熔合面	1. 几乎全部没有熔合 2. 只有一部分未熔合，但未熔合部分很长 3. 有很短的未熔合	1. 温度极低 2. 挤压量不够，加热温度不够，对接条件不合适，带钢边缘形状不合适 3. 打火造成温度波动

名称	形态		可能产生的原因
回流夹杂		熔合面上残留着米粒状或虫蛀状微小氧化物	1.材质不合适 2.加热温度过高,挤压量不够,V形角太小,焊接速度太慢
针孔	熔合线 缺陷	在熔合面局部分布着未排除的熔融物和针孔	加热温度过高,挤压量不够,焊接速度太慢
钩状裂纹	钩状裂纹	沿着上升的金属流线有很小的裂纹	焊接热影响区的母材中有非金属夹杂或偏析
平行夹杂物、分层	分层	平行于金属流线有比较大的裂纹	母材中有分层、夹杂物或偏析
错边、残留毛刺	错边 台阶	1.错边 2.毛刺切削后焊道不平滑	1.对接条件不合适 2.刀具设定不合适

（1）冷焊和回流夹杂

冷焊也称之为低温焊接,回流夹杂也称氧化物夹杂或过烧。在对高频焊焊缝进行拉伸或冲击试验时,冷焊和氧化夹杂宏观断口上呈现无金属光泽的灰色区,因此也把冷焊和回流夹杂统称为灰斑。

冷焊:这种断口灰色面积较大,无一定几何形状,微观断口分析为细小、浅平的韧窝,大多数韧窝中都存在着细小夹杂物。

回流夹杂:此种断口宏观特征反映为不均匀分布的圆形或椭圆形灰色斑点区。其微观断口为较大韧窝,韧窝中分布有较大的夹杂物。

这两类缺陷中的夹杂物主要为 Si、Mn、Fe 等元素的氧化物以及它们的复合物,如 SiO_2、MnO、Al_2O_3、FeO 和 $MnO\text{-}SiO_2\text{-}FeO$ 等。一般认为,灰斑对焊缝的强度无明显影响,但使焊缝的韧性和塑性明显地降低。缺陷中的夹杂物经常达到 $10\mu m$,在挤压力的作用下呈片状分布。大多数情况下超声波无法检测出这种缺陷,但它可能发展成诱发脆性断裂的尖锐缺口。缺陷中的夹杂物是使高频焊焊缝脆化的根本原因。

（2）钩状裂纹

也称外弯纤维状裂纹,它是由于热态金属受强烈挤压,使其中原有的纵向分布的层状夹杂物向外弯曲过大而造成的开裂现象。避免此类缺陷开裂的措施,首先保证母材的质量,限制其杂质的含量;其次是调整焊接参数,使挤压力不要过大。

（3）分层和平行夹杂物

分层和平行夹杂物是由于钢坯皮下气泡、严重疏松,在轧制时未能焊合,化学成分偏析

（例如钢液凝固过程中富集于液相形成熔点低的连续或不连续网状 FeS），轧制时出现分层以及钢坯中存在夹杂物经过轧制后沿轧制方向被拉长所致。

　　除以上缺陷，在薄壁管纵缝高频焊时，由于设备精度不高、挤压力较大，还可能引起错边甚至形成搭焊的缺陷。搭焊缺陷不仅影响管材的外观，还会引起管材强度的降低，所以也需注意防止和消除。

7.5.2　焊接质量的自动控制

　　依靠目测和手工调节的方法，难以确保高频焊接头质量，因此必须对焊接参数实行自动控制。典型的高频焊接质量自动控制系统如图 7-22 所示。将由光导纤维束组成的光缆，装在接近焊接区的位置，摄取 V 形会合角处因高频电流加热所产生的光辐射能量。其后接上光电比色高温计的光电传感器。光电传感器能将光纤维束摄取的光辐照能量转成电信号，输给比色高温计，转换成温度数值，并输送给数字调节器。在与数字开关设定温度信号比较后，数字调节器便发出信号给高频电源的晶闸管调节器，按需要调节焊机的输出功率，使温度保持在设定的很窄范围内，一般为±15℃。为使光导纤维束能清楚地、不间断地摄取光辐射能量，常将光导纤维束罩以软管，同时还向软管通以压缩空气，用其气流吹走焊接区的烟气与水蒸气。

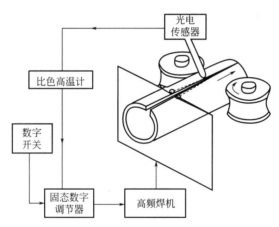

图 7-22　高频焊接质量自动控制系统

　　此系统响应时间为 0.01s，已可靠地用于制管线上，并取得了显著效益。它除能校正管壁厚度、焊接速度、网路电压等变化引起的波动外，还能测出阻抗器逐渐失效的情况。

7.5.3　焊接质量检验

　　高频焊接头质量主要决定于焊缝及热影响区金相组织、力学性能和有否缺陷。对输送酸性介质的钢管还应该有抗硫化氢应力腐蚀开裂性能，对不锈钢管焊接接头还应有高的耐晶间腐蚀性能。焊接质量的检验，根据检验时是否对焊接接头造成破坏可以分为非破坏性检验和破坏性检验。

（1）非破坏性检验

　　非破坏性检验可用来在高速生产中有效地检测出很小的焊接缺陷。通常，连接表面的非金属杂质达到不允许的数量时，焊后立即可以检测出来，这样可以对焊接条件做出调整和控制。一些常用于电弧焊质量控制的测试方法，如 X 射线法、磁粉法或液体渗透裂纹法，除了检验大而明显的缺陷外，一般不适用于高频焊中。检验高频焊接头通常使用超声波法、涡流法和漏磁法。还可以采用液体静压试验作为非破坏性检验，但是检验中的失误会使裂纹扩展到无缺陷的材料中去。用磁粉检验管道的场合不多。

1）超声波检验　在 SY/T6423.2—2013《石油天然气工业　钢管无损检测方法》之第 2 部分：《焊接钢管焊缝纵向和或横向缺欠的自动超声检测》中给出了高频焊钢管超声波检验的一般要求。对高频焊钢管采用脉冲式斜射检验法进行检验。超声波斜射进入被检验钢管，当超声波在被检验钢管中传播时遇到等于或大于超声波半波长的缺陷时，超声波将会被反射回来，通过超声波检验仪将反射波加以判别，就可以确定缺陷的情况。制作一个参考试样，参考试样的材质、管径和壁厚与被检验钢管相同，并带有一个或多个给定形状尺寸的孔和槽。当被检验钢管的缺陷反射波大于参考试样中缺陷试样的反射波时，被检验钢管即为不合格。一般管径小于 100mm 的小管径管，批量小时可以使用接触法进行检验，为了使探头和钢管较好地耦合，提高检验灵敏度，可以采用接触聚焦探头进行检验；对于管径大于 100mm 的大管径管，通常采用接触法检验，批量较大时，可以使用水浸检验或轮式探头自动检验。

2）涡流检验　在 GB/T7735—2004《钢管涡流探伤检验方法》中给出了无缝钢管和除了埋弧焊以外的焊接钢管涡流检验的一般要求。涡流检验是以电磁感应原理为基础，涡流由管子附近激励线圈中的交流电感应到管子上，用传感器线圈来检测由涡流产生的磁通量。存在缺陷时会影响正常的涡流分布，传感器线圈可以检测出这种变化。若是铁磁金属，应在激励线圈和传感器线圈区域内施加一个强的外磁场，以使该区域的管道有效地消磁。激励线圈和传感器线圈可以完全环绕管子，也可以在焊接区局部放置一个比较小的探头式线圈。有时，一个或者更多的线圈可以同时起到激励器和传感器的作用。用带有已知缺陷的参考试样来校准仪器和确定验收标准。

3）漏磁检验　在 GB/T12606—1999《钢管漏磁探伤方法》中给出了铁磁性无缝钢管和埋弧焊管以外的铁磁性焊管漏磁检验的一般要求。钢管漏磁检验的基本原理是：当铁磁性钢管被充分磁化时，管壁中的磁力线被其表面或近表面处的缺陷阻隔，缺陷处的磁力线发生畸变，一部分磁力线泄露出钢管的内外表面，形成漏磁场，位于钢管表面并与钢管做相对运动的探测元件拾取漏磁场，将其转换成缺陷电信号，通过探头可得到反映缺陷的信号。用带有已知缺陷的参考试样来校准仪器和确定验收标准。

4）液体静水压试验　焊管使用标准中一般给出了最小流体静压下试验压力，试验压力也可由用户自定。试验压力可以相当低，使之只起到检查泄漏的作用。试验压力也可以相当高，以便给材料施加的应力接近其屈服点。在某些情况下，用流体膨胀使管子达到最后的尺寸，并对焊接接头进行严格检验。

(2) 破坏性检验

高频焊生产焊管，除了使用拉伸、冲击等常规破坏性试样方法外，还经常使用压扁试验、反向压扁试验、弯曲试验、扩口试验和焊缝金相检验等破坏性检验方法来对产品进行少量抽样检验。

1）压扁试验　GB/T246—2007《金属管 压扁试验方法》给出了金属管压扁试验的一般要求。进行该试验时，要求取被焊产品的一段作为试样，放在压床上的平行板之间，让焊缝与作用力呈 90°，将试样压扁到规定的高度，检验焊接接头区裂纹或断裂的产生和扩展。然后继续压扁直到试样断裂或管子两个相对内壁面贴合为止。这种试验在焊缝的外表面施加最大的拉应力。还可以将焊缝放在压板下进行试验，这时管子内侧焊缝受到拉伸。这种试验可以检查焊缝缺陷和焊缝附近母材的塑性，如果试样在试验中断裂，则对断裂面进行检查往往有助于确定缺陷的性质并采取修正措施。

2）反向压扁试验（反弯试验）　当要求对内侧焊缝做严格的检验时，可以在焊缝每一侧的 90°处将管子纵向分开并压平。然后再反向弯曲，使焊缝处在弯曲曲率最大的位置上。焊缝出现裂纹或其他表面缺陷都是废品的标志。断裂面检查，对于确定产生缺陷的原因是很有价值的。

3）弯曲试验　GB/T244—1997《金属管　弯曲试验方法》给出了金属管弯曲试验的一般要求。适当长度全截面直管绕一规定半径和带槽的弯心弯曲，直到弯曲角度达到相关产品标准所规定的值。一般情况下，焊缝置于与弯管呈 90°（即弯曲中性线）的位置。试验后钢管任何部位不得出现裂纹，且焊缝不得开裂。

4）扩口试验　GB/T242—2007《金属管　扩口试验方法》给出了金属管扩口试验的一般要求。将一段短管子一端套在带有一定锥度的芯轴上加压，使钢管外径扩口达到规定的扩口率。扩口后试样不得出现裂缝或裂纹。虽然这种检验应用较广（尤其适用于塑性材料的焊缝），但是也会产生误判，尤其是当焊缝的镦出材料未从管子内侧除去时更是这样。镦出材料的存在往往会造成应力集中，导致焊缝处的过早断裂。

5）高频焊焊缝的金相检验　高频焊焊缝的金相检验常被用来确定焊缝的质量、完整性和热影响的微观结构。

思考题

1. 什么是高频焊？有哪些类型？
2. 简述高频焊基本原理。
3. 为什么连续高频焊被焊工件待焊面制成 V 形开口结构？V 形会合角大小对焊接有何影响？
4. 简述高频焊优缺点。
5. 对比高频电阻焊制管、高频感应焊制管的优缺点。
6. 高频焊主要工艺参数有哪些？如何选择？
7. 高频焊制管常见缺陷有哪些？其形成原因是什么？
8. 高频焊质量检验方法有哪些？

第 8 章

冷压焊与热压焊

冷压焊和热压焊焊接过程都是以产生塑性变形为特征，故又称为变形焊。变形焊通常在室温或 $100 \sim 350\,℃$ 条件下的大气、惰性气体或超高真空中进行。

冷压焊是在没有外部热源或电流作用条件下，在室温下仅仅利用对工件施加压力的方法，使金属产生塑性变形，挤出连接部位界面上的氧化膜等杂质，使纯洁金属紧密接触，达到晶间结合，从而实现固态焊接。

热压焊的焊接本质与冷压焊相同，但是在工件加热条件下施加压力，使被焊界面金属发生塑性变形，形成界面金属原子间的结合。

利用压力使被焊金属产生塑性变形是为了满足两方面需要：首先通过相当大的塑性变形量来破坏结合界面的氧化膜，并使氧化膜及其他杂质排挤出界面；其次通过塑性变形克服界面的不平度，使已经纯洁的被焊金属表面达到原子间距 $0.4 \sim 0.6\,nm$，形成晶间结合。

8.1 冷压焊

8.1.1 分类及特点

(1) 分类

按接头形式，常用的冷压焊方法有搭接和对接两种，其焊接过程示意图分别示于图 8-1 和图 8-2。

对接冷压焊用于制造同种或异种金属线材、棒材或管材的对接接头。将工件分别夹紧在左右钳口中，并伸出一定长度，施加足够的顶锻压力，使伸出部分产生径向塑性变形，被焊界面上的杂质挤出，形成金属飞边，紧密接触的纯洁金属形成焊缝，完成焊接过程。有的金属相焊时，常需重复顶锻 $2 \sim 4$ 次才能使界面完全焊合。

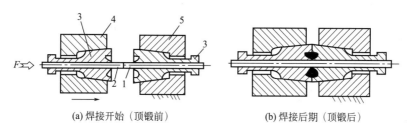

(a) 焊接开始（顶锻前）　　　　　　(b) 焊接后期（顶锻后）

图 8-1　对接冷压焊过程示意图

1，2—工件；3—钳口；4—活动夹具；5—固定夹具

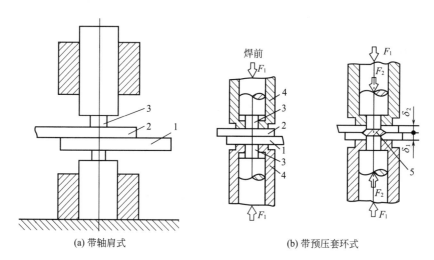

(a) 带轴肩式　　　　　　　　　　(b) 带预压套环式

图 8-2　搭接冷压点焊过程示意图

1，2—焊件；3—压头；4—预压套环；5—焊缝

δ_1、δ_2—焊件厚度；F_1—预压力；F_2—焊接压力

搭接冷压焊时，将工件搭放好后，用钢制压头加压，当压头压入必要深度后，去除压力完成焊接。用柱状压头形成焊点，称为冷压点焊；用滚轮式压头形成长缝，称为冷压滚焊。搭接主要用于箔材、板材的连接。

对于管件金属材料的连接采用搭接冷压焊的变种形式——挤压冷压焊，被焊两管件被放置在两曲面相对的模具中，当两模具相对运动靠紧时，管件被挤压而焊接成为界面全闭合的连接件。

（2）特点

冷压焊工艺过程有如下特点。

1）不需外热，冷压焊过程中可行的变形速度不会引起接头的升温，也不存在界面原子的相对扩散。因此，冷压焊不会产生加热焊接头常见的软化区、热影响区和脆性金属中间相。因此，接头的导电性、抗腐蚀性等性能优良。

2）在外加压力下，焊接区产生明显塑性变形。因此，被焊金属材料中至少有一种金属具有很高的延性，并且不会有严重的加工硬化现象。

3）结合界面没有明显的扩散，是一种晶间结合，被连接的金属特性不影响冷焊过程进行的方式。

经过焊接时严重变形的冷压焊接头，其结合界面均呈现复杂的峰谷和犬牙交错的空间形貌。在正常情况下，由于焊接过程产生变形硬化而使接头强化，同种金属的冷压焊接头强度不低于母材；异种金属的冷压焊接头强度不低于较软金属的强度。

4）由于焊接不需加热，也不需填充材料和焊剂。因此，焊接工艺及设备都很简单，易于掌握、操作和维护。劳动和卫生条件好。

5）焊接质量稳定，不受电网电压波动的影响。

6）冷压焊接局部变形量大，搭接接头有压坑。

7）对某些异种金属，如 Cu 和 Al 焊后形成的焊缝在高温下会因扩散作用而产生脆性的化合物，使其塑性和导电性明显下降，这类金属组合的冷焊接头只宜在较低温度下工作。

8）由于受焊机吨位限制，冷压焊焊件的搭接板厚和对接的断面不能过大。焊件的硬度也受模具材质的限制而不能过高。

(3) 冷压焊的适用范围

1）特别适于异种金属和热焊法无法实现的一些金属材料的焊接。在模具强度允许的前提下，很多不会产生快速加工硬化或未经严重硬化的塑性金属，如 Cu、Al、Ag、Au、Ni、Zn、Cd、Ti、Sn、Pb 及其合金都适于冷压焊。它们之间的任意组合，包括液相、固相不相溶的非共格金属的组合，也可进行冷压焊。

当焊接塑性较差的金属时，可在工件间放置厚度大于 1mm 塑性好的金属垫片，作为过渡材料进行冷压焊，其接头强度等于变形硬化后的垫片强度。

2）对接冷压焊可焊接的最小断面为 $0.5mm^2$（用手动焊钳），最大断面可达 $1500\ mm^2$（用液压机）。其断面形状为简单的线材、棒料、板材、管材和异型材。通常用于材料的接长或制造双金属过渡接头。

3）搭接冷压焊可焊接的厚度为 $0.01\sim20mm$ 的箔材、带材、板材。搭接点焊常用于电器工程中的导线或母线的连接；搭接缝焊可用于气密性接头，如容器类产品。套压焊多用于电器元件的封装焊等。

4）适用于焊接不允许升温的产品。有些金属材料必须避免焊接时引起母材软化和退火，例如 HL1 型高强度变形时效铝合金导体，当温升超过 150℃ 时，其强度成倍下降，这种金属材料宜用冷压焊；某些铝外导体通信电缆或铝皮电力电缆，在焊接铝管之前已经装入绝缘材料，其焊接温度不允许高于 120℃，亦宜用冷压焊。

8.1.2 冷压焊工艺过程

冷压焊的质量主要取决于焊前工件的状态（特别是清洁程度）和工件被焊部位塑性变形的大小。焊接压力则是产生塑性变形的必要条件。

(1) 焊接界面的清理

冷压焊工艺要求工件的待焊界面有良好的表面状态，包括表面的清洁度和光滑度。

搭接冷压焊待焊表面上的油膜、水膜及其他有机杂质，无论焊接时产生多大的塑性变形都无法将其彻底挤出界面。因此，焊前必须进行清除。

金属氧化膜的存在会影响冷压焊的质量。除了厚度不大、属于脆性的氧化膜（如铝工件表面的 Al_2O_3）在塑性变形量大于 65% 的条件下允许不做清理即可施焊外，都应在焊前进行清理。清理的方法可以用化学溶剂、超声波、机械加工、烘烧等，但效果最好、效率最高的是用钢丝刷或钢丝轮清理。钢丝轮的丝径为 $0.2\sim0.3mm$，材质最好是不锈钢丝，其旋转线速度以 1000m/min 为宜。用钢丝刷或轮刷刷光之前应先去除表面油脂，以免污染刷子。钢丝轮清理后不允许表面留有残渣或氧化膜粉屑，常用负压吸取装置把它清除掉。清理后的表面不准用手触摸及再污染，必须尽快施焊。对铝来说，清理后，必须在约 30min 之内完成焊接。

有机物的清除通常采用化学溶剂清洗或超声波净化等方法。

对接冷压焊的待焊端面也同样要清洁，但要求不如搭接高，通常从焊件端部切去一段，以露出新的清洁表面即可上机焊接。所用剪刀必须无油或无别的金属残屑，以防止切口污染。

为保证获得稳定、优质焊缝，清理后的表面不允许遗留残渣或氧化膜粉屑。例如用钢丝轮清理时，通常要辅加负压吸取装置，以去除氧化膜尘屑。清理后的表面也不准用手摸再污染。工件一经清理，应尽快施焊。

待焊表面的粗糙度。一般来说，冷压焊对工件待焊表面的粗糙度没有很高的要求。经过轧制、剪切或车削的表面都可用于冷压焊。带有微小沟槽不平的待焊表面，在挤压过程中有利于整个界面切向位移，对焊接过程是有利的。但是，当焊接塑性变形量小于 20% 和进行精密真空压焊时，就要求待焊表面有较低的粗糙度。

焊接方法不同，对清理程度的要求也不一样。对接冷压焊的清理准备工作比较简单：焊前经无油剪刀或剪床加工就可直接上机施焊。搭接冷压焊的清理要求比较严格。

（2）焊接工艺参数

1）焊接压力　压力是冷压焊过程中唯一的外加能量。通过模具传递到待焊部位，使被焊金属产生塑性变形。焊接总压力既与被焊材料的强度以及工件断面积有关，也与模具的结构尺寸有关。焊接总的压力是根据材料种类、状态及选用的工艺方案按下式确定

$$F = PA \tag{8-1}$$

式中　F——焊接压力，N；

　　　P——单位面积压力，MPa；

　　　A——焊件的横截面积，mm^2，对于对接冷压焊 A 为焊件的断面积，对于搭接冷压焊 A 为压头端面积。

在冷压焊过程中，由于塑性变形产生硬化和模具对金属的拘束力，会使单位压力增大，通常要比被焊材料的屈服强度大许多倍。对接冷压焊时，工件随变形而被镦粗，使工件的名义断面积不断增大。因此，焊接末期所需的焊接压力比焊接初始时的焊接压力大得多。因此，选择合适的焊接压力应以焊接末期最大的焊接压力为准。表 8-1 是几种常用金属单位面积冷压焊所需的压力。

表 8-1　几种常用金属单位面积冷压焊所需压力　　　　　MPa

材料名称	搭接焊	对接焊
铝与铝	750～1000	1800～2000
铝与铜	1500～2000	>2000
铜与铜	2000～2500	2500
铜与镍	2000～2500	2500
HLJ 型铝合金	1500～2000	>2000

压焊模具的结构尺寸对焊接压力的影响很大，这对冷压焊机的设计者是至关重要的；但是对使用者来说，只要压焊设备定型生产，其模具结构尺寸也就定型，可根据焊机的技术参数选取所需焊接压力。表 8-2 给出各类冷压焊机（钳）的吨位，可焊断面及其他技术参数。

表 8-2　各种冷压焊机的吨位与可焊断面积

施压设备	压力/MPa	可焊断面积/mm²			设备参考重量/kg	设备参考尺寸/mm	备注
		铝	铝与铜	铜			
携带式手焊钳	(1)	0.5～20	0.5～10	0.5～10	1.4～2.5	全长 310	LTY 型仿苏 ПС-7
台式对焊手钳	(1～3)	0.5～30	0.5～20	0.5～20	4.6～8	全长 320	
小车式对焊手钳	(1～5)	3～35	3～30	3～20	170	1500×750×750	
气动对接焊机	5	2.0～30	2～20	2～20	62	500×300×300	自动重复顶锻
	0.8	0.5～7	0.5～4	0.5～4	35	400×300×300	
油压对接焊机	20	20～200	20～120	20～120	700	1000×900×1400	QL 型自动重复顶锻
	40	20～400	20～250	20～250	1500	1500×1000×1200	
	80	50～800	50～600	50～600	2700	1550×1300×1700	
	120	100～1500	100～1000	100～1000	2700	1650×1350×1700	
携带式搭接手焊		厚度 1mm 以下			1.0～2	全长 200×350	
气动搭接焊机钳		厚度 3.5mm 以下			250	680×400×1400	
油压搭接焊机	40	厚度 3mm 以下			200	1500×800×1000	

在冷压焊生产中，由于形成冷压焊接头所必需的变形程度是由模具确定的，只要压力充分，工件表面清洁，焊接质量就可以保证，而与操作人员的技巧无大关系。

生产中的质量检查主要采取抽查的办法。对于搭接冷压焊接头要做抗剥离试验，质量合格的接头的被撕裂部位应在紧邻焊缝的母材上。对于对接冷压焊接头，只做抗弯试验就能鉴别其焊接质量。即将接头夹在虎钳上，焊缝在钳口上侧约 1～2mm，用力弯曲 90°角。再反向弯曲 180°角，接头不在焊合界面上开裂，质量就算合格。这是因为对接冷压焊接头对弯曲最敏感。

2）塑性变形程度　冷压焊接头获得最大强度所需要的最小变形量称冷压焊的变形程度。它是判断材料焊接性和控制焊接质量的关键参数。所需的变形程度越小，焊接性也越好。

使焊接金属产生塑性变形要满足两方面的需要：首先通过相当大的变形量来破坏界面的氧化层，并使氧化物及其他杂质排挤出接合界面；其次通过塑性变形克服界面的不平度，使已经清洁的被焊表面达到原子间距的紧密接触，形成晶间结合。

不同金属最小塑性变形量（即变形程度）不一样。例如，纯铝的变形程度最小，说明其冷压焊接性最好，钛次之。

实际焊接的变形量要大于该金属的标称"变形程度"值，但不宜过大。过大的变形量会增加冷作硬化现象，使韧性下降。例如，铝及多数铝合金搭接时压缩率多控制在 65%～70% 范围内。

根据冷压焊接头形式的不同，表示变形程度的方法也不一样。搭接的变形程度用压缩率 ε 表示。

$$\varepsilon = \frac{(\delta_1 + \delta_2) - H}{\delta_1 + \delta_2} \times 100\% \qquad (8\text{-}2)$$

式中 δ_1，δ_2——焊件厚度，mm，见图 8-2；

H——压缩后剩余厚度，mm。

各种材料的最小压缩率见表 8-3。表中的压缩率是在材质相同、厚度相等、冷压点焊条件下得到的。生产中为保证满意的焊合率，并考虑到各种误差的存在，选用的压缩率往往比表中数据大 5%～15%。

表 8-3　各种材料搭接点焊的最小压缩率

材料名称	压缩率/%	材料名称	压缩率/%	材料名称	压缩率/%
纯铝	60	铜与铝	84	铁	92
工业纯铝	63	铜与铝	85	锌	92
含镁 2%铝合金	70	铜与银	85	银	94
钛	75	铜	86	铁与镍	94
硬铝	80	铝与铁	88	锌合金	95
铅	84	锡	88		
镉	84	镍	89		

对接冷压焊的塑性变形程度用总压缩量（L）表示。它等于工件伸出长度与顶锻次数的乘积，即

$$L = n(l_1 + l_2) \qquad (8\text{-}3)$$

式中 l_1——活动钳口一侧工件的每次伸出长度；

l_2——固定钳口一侧工件的每次伸出长度；

n——挤压次数。

足够的总压缩量是保证获得合格接头的关键因素。对于延性好、形变硬化不强烈的金属，工件的伸出长度通常小于或等于其直径或厚度，可一次顶锻焊成。对于硬度较大、形变硬化较强的金属，其伸出长度通常等于或大于工件的直径或厚度，需要多次顶锻才能焊成。对于大多数材料，顶锻次数一般不大于 3 次。

几种材料的对接冷压焊最小总压缩量见表 8-4。

表 8-4　几种材料的对接冷压焊最小总压缩量

材料名称	每一工件的最小总压缩量		顶锻次数
	圆形件（直径 d）	矩形件（厚度 δ_1）	
铝与铝	$(1.6 \sim 2.0)d$	$(1.6 \sim 2.0)\delta_1$	2
铝与铜	铝$(2 \sim 3)d$	铝$(2 \sim 3)\delta_1$	3
	铜$(3 \sim 4)d$	铜$(3 \sim 4)\delta_1$	
铜与铜	$(3 \sim 4)d$	$(3 \sim 4)\delta_1$	3
铝与银	铝$(2 \sim 3)d$	铝$(2 \sim 3)\delta_1$	3～4
	银$(3 \sim 4)d$	银$(3 \sim 4)\delta_1$	
铜与镍	铜$(3 \sim 4)d$	铜$(3 \sim 4)\delta_1$	3～4
	镍$(3 \sim 4)d$	镍$(3 \sim 4)\delta_1$	

为减少顶锻次数，希望伸出长度尽可能大些，但伸出长度过大，顶锻时会使工件弯曲，导致焊接过程失败。直径 d（或厚度 δ_1）越小的工件被顶弯的倾向性越大。同种材料相焊时，通常取伸出长度为 $(0.8\sim1.3)d$ 或 $(0.8\sim1.3)\delta_1$。断面小的工件取下限，大者取上限。异种材料相焊时，各自的伸出长度以弹性模量 E 值之比选取。较软件的伸出长度相应减小。

8.1.3　冷压焊设备及冷压焊模具

8.1.3.1　冷压焊设备

冷压焊不用加热，生产效率高，电能消耗少，是有色金属特别是异种金属连接的有效方法之一。当前主要用于电气工程中铜-铜、铝-铝以及铜-铝线材或棒材的连接。

冷压焊机主要由加压装置和焊接模具组成，模具对接头的形成至关重要。而在冷压焊加压设备中，除了专用的冷滚压焊设备其压力由压轮主轴承担而不需另给压力源外，其余的冷压焊设备都可以利用常规的压力机改装。因此，冷压焊的设备类型可以有多种类型，没有统一标准。

英国 1945 年就开始研究冷压焊并于 1948 年首先付诸使用。此后，美国、前苏联、捷克等均先后进行了研究。其中，以前苏联居首位。

前苏联为电子工业设计和制造的冷压点焊机和冷压对焊机，有 MXCA-50-3 型冷压点焊机能焊接宽 $20\sim60\text{mm}$ 的铜母线和导线引出线；MCXC 型冷压对焊机系列，能焊接截面 $0.5\sim1500\text{mm}^2$ 的导线和母线。此外，前苏联还制成新系列的冷压对焊机，在这种系列的焊机上，不仅焊接工序机械化，而且许多辅助工序，如装卸焊件、被焊表面焊前处理等，都实现了机械化，还为城市交通电气化线路制造了专用的冷压焊机，可定点使用，也可沿交通线流动使用。

日本所介绍的三种冷压焊机的技术数据：第一种为气压式，最大挤压力 5t，压焊能力 200 次/h，可焊截面铝-铝为 $2\sim30\text{mm}^2$，铜-铜或铝-铜为 $2\sim20\text{mm}^2$；第二种为油压式，最大挤压力 20t，压焊能力 200 次/h，可焊截面铝-铝为 $30\sim200\text{mm}^2$，铜-铜或铝-铜为 $30\sim120\text{mm}^2$；第三种也为油压式，最大挤压力达 120t，压焊能力 40 次/h，可焊截面铝-铝达 150mm^2，铜-铜或铝-铜也达 100mm^2。

此外，德国布朗斯维克大学焊接技术与材料工艺研究所研究的冷压焊工艺，有铝＋铜、锆＋钢、钢＋镍、铝＋钢等各类异种金属的冷压焊工艺，并分析工艺参数对接头力学性能的影响，取得了很大进展，该所还进行一种超高真空冷压焊的试验研究，试验在真空度为 10^{-10}Pa 的超真空室内进行。试验表明，通常在大气中进行冷压焊时，必须施加很大压力，使金属表面产生极大的塑形变形才能奏效，而在超真空条件下，只要很小压力就可达到良好的焊接效果。

8.1.3.2　冷压焊模具

冷压焊是通过模具对工件加压，使待焊部分产生塑性变形完成的。模具的结构和尺寸决定了接头的尺寸和质量。因此，模具的合理设计和加工是至关重要的。不同焊接类型其模具各异，对接冷压焊模具为钳口；搭接冷压焊点焊的模具为压头，缝焊的模具为压轮等。

根据压出的凹槽形状，搭接冷压焊分为搭接点焊和缝焊两类。按照加压方式，缝焊又分为滚焊及套焊等形式。搭接点焊模具为压头，滚焊模具为压轮，对接冷压焊模具为钳口。

（1）对接冷压焊的钳口

钳口分固定和活动两组，各由两个相互对称的半模组成，各夹持一个工件。钳口的作用除夹紧工件外，主要是传递压力，控制塑性变形大小和切掉飞边。

钳口端头结构有槽形钳口、尖形钳口、平形钳口和复合钳口等形式，如图 8-3 所示。其中尖形钳口有利于金属的流动，能挤掉飞边，所需焊接压力小等，但它易崩刃口。为此在刃口外设置护刃环和溢流槽（容纳飞边），图 8-4 为应用最广的复合钳口。

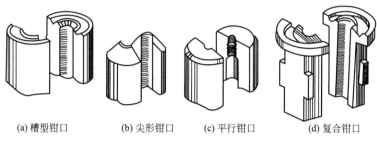

(a) 槽型钳口　　(b) 尖形钳口　　(c) 平行钳口　　(d) 复合钳口

图 8-3　对接冷压焊钳口形式

为了防止顶锻过程中工件在钳口内打滑，除有足够夹紧力外，还需增加钳口内腔的摩擦系数，通常是在内腔表面加工深度不大的螺纹沟槽。内腔的形状尺寸与焊件相适应，焊件规格变化，则需更换钳口。

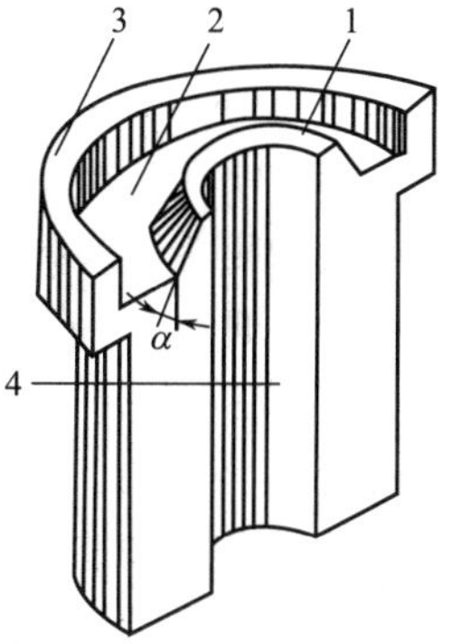

刃口是关键部位，其厚度一般为 2mm 左右，楔角为 50°～60°，该处须进行磨削加工以减小顶锻时变形金属流动的阻力，不至卡住飞边，钳口工作部位的硬度控制在 HRC45～55。硬度太大，韧性差，易崩刃；硬度太小，刃口会变形成喇叭状，使接头镦粗。

图 8-4　尖形复合钳口示意图

1—刃口；2—飞边溢流槽；3—护刃环；4—内腔；

α—刃口倒角（α≤30°）

（2）搭接点焊压头

冷压点焊分单点点焊和多点点焊，单点焊又分双面点焊和单面点焊。点焊用的压头形状有圆形（实心或空心）、矩形、菱形或环形等，见图 8-5。

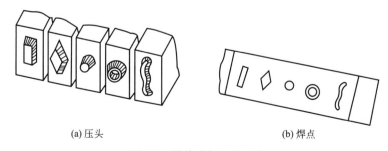

(a)压头　　　　　　　　　　(b)焊点

图 8-5　搭接点焊压头形式

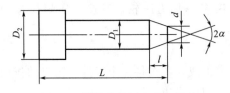

图 8-6　搭接点焊压头几何尺寸

压头尺寸根据工件厚度（δ）确定。圆形压头直径（d）和矩形压头的宽度（b）不能过大。过大时，变形阻力增大，在焊点中心将产生焊接裂纹；并按塑性变形体积不变原理将引起焊点四周金属较大延展变形。过小时，将因局部剪切应力过大而切割母材。典型的压头尺寸为 $d=(1.0\sim1.5)\delta$ 或 $b=(1.0\sim1.5)\delta$；矩形压头的长边取 $(5\sim6)b$；不等厚件点焊时，压头尺寸以薄件厚度（δ_1）确定：$d=2\delta_1$ 或 $b=2\delta_1$。压头的几何尺寸见图 8-6、表 8-5。

表 8-5　点焊压头几何尺寸

型号	D_2	D_1	L	α	l		d	
					Al	Cu	Al	Cu
1	13	10	8	7°	30	55	7	8
2	13	10	12	7°	30	55	9	10
3	18	15	16	7°	30	55	12	13

冷压点焊时，压缩率由压头压入深度来控制。通常的办法是设计带轴肩的压头，见图 8-2（a）。从压头端面至轴肩的长度即压入深度，以此控制准确的压缩率，同时起防止工件翘起的作用。另一种方式是在轴肩外围加设套环装置［见图 8-2（b）］，套环采用弹簧或橡胶圈对工件施加预压力，该单位预压力控制在 $20\sim40$MPa。

压头工作面的周缘应加工成 $R=0.5$mm 的圆形倒角；完全直角的周缘将会切割被焊金属。

（3）缝焊模具

冷压缝焊可以焊接直长焊缝或环状焊缝，可达到气密性很高的要求，而无熔化焊常见的气孔、未焊透等缺陷。冷压缝焊具体形式有冷滚压焊、冷套压焊和冷挤压焊，各使用着不同的模具。

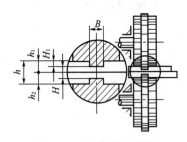

图 8-7　冷滚压焊示意图

① 冷滚压焊压轮　冷滚压焊时，使被焊搭接件在一对滚动的压轮间通过，并同时向工件加压，即形成一条密闭性的焊缝，图 8-7 为其焊接示意图。单面滚压焊的两压轮中一个带工作凸台，另一个不带工作凸台；而双面滚压焊则两个压轮均带凸台。

滚压焊的压轮是关键部件。它的结构和尺寸将决定焊机功率、焊接压力、焊接质量和焊接能否进行。

（a）压轮直径　它对焊接压力的影响很大，见图 8-8。压轮直径（D）越大，所需的焊接压力急剧增大。从减小焊接压力考虑，D 应越小越好。同时压轮直径大小还决定工件能否自然入机，从而使滚焊得以进行。工件能够自然入机的条件是：$D\geqslant175h\varepsilon$，（工件总厚度 $h=h_1+h_2$，ε 为变形程度）。因此，选用压轮直径时，首先应满足这个条件，在此前提下尽可能选用小的直径。

确定压轮直径时，不但要考虑设备能提供的最大输出焊接压力，还要考虑工件总厚度（h）。当焊机功率确定之后（即最大输出焊接压力确定），若工件总厚度小，则选用的压轮直径可相应减小，见图 8-9。

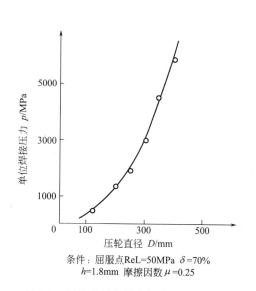

图 8-8　压轮直径与单位焊接压力的关系

条件：屈服点 ReL=50MPa　δ=70%
h=1.8mm　摩擦因数 μ=0.25

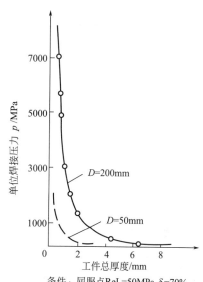

条件：屈服点 ReL=50MPa　δ=70%
摩擦因数 μ=0.25

图 8-9　工件总厚度、压轮直径与单位焊接压力的关系

（b）压轮工作凸台宽度（B）和高度（H_1）　压轮工作凸台的宽和高的作用与冷压点焊的压头相似。工作凸台两侧也设有轮肩，起控制压缩率和防止工件边缘翘起的作用。

合理的凸台宽度按下式确定：$H/2 < B < 1.25h$。H 为焊缝厚度。

合理的凸台高度为：$H_1 = (1/2)(\varepsilon h + C)$。式中系数 C 为主轴间弹性偏差量，通常 C = 0.1～0.2mm。

② 冷套压焊及冷挤压焊模具　冷套压焊和冷挤压焊都是生产密闭性小型容器的高效方法。

（a）冷套压焊模具　以铝罐封盖冷压焊为例，见图 8-10。根据焊件的形状和尺寸设计相应尺寸的上模和下模，下模由模座承托。上模与压力机的上夹头连接，为活动模。上下模的工作台设计与冷滚压焊压轮的工作凸台相当。同样也应设计台肩。由于焊接面积大，所需焊接压力比滚压焊大很多，故此种方法只适用于小件封焊。

（b）冷挤压焊模具　以铝质电容器封头焊接为例，见图 8-11。按内外帽形工件的形状尺寸设计相应的阴模（固定模）和阳模（动模）。阳模与压力机的上夹头相连接，阴模的内径与阳模的外径之差与工件总厚度 h 和变形程度 ε 的关系为：$D_{阴} - D_{阳} = h(1-\varepsilon)$。

阴模与阳模的工作周边需制成圆角，以免产生剪切。

(4) 模具材料

冷压焊用的各种模具工作部位应有足够的硬度，一般控制在 45～55HRC。硬度过高、韧性差、易崩刃；硬度过低，刃口易变形，影响焊接精度。

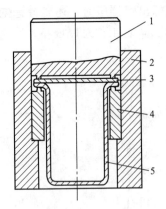

图 8-10　冷套压焊示意图
1—上模；2—模座；3—工件封头；
4—下模；5—工件帽套

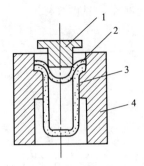

图 8-11　冷挤压焊（铝质电容器封焊）
1—阳模；2—工件（盖）；
3—工件（壳体）；4—阴模

8.1.4　冷压焊应用

（1）搭接冷压焊的应用

搭接冷压焊可焊厚度为 0.01～20mm 的箔材、带材、板材。管材的封端及棒材的搭接都可以实现。搭接点焊常用于导线或母线的连接。

搭接缝焊可用于焊接气密性的接头，其中滚压焊适于焊接大长度焊缝，例如制造有色金属管、铝制容器等较大容积的产品。套压焊用于电器件的封帽封装焊及日用品铝制件的焊接。

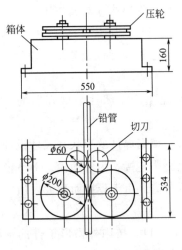

图 8-12　冷滚压焊制铝管主机

冷滚压焊制铝管主机见图 8-12，铝管外径为 11mm，管壁厚 0.9mm，滚压焊制铝管，焊接速度可达 1700cm/min 以上，而且在小停机条件下可任意调整焊接速度，焊接质量可不受影响，这是其他焊接方法无法实现的。

（2）对接冷压焊的应用

对接冷压焊接头的最小断面为 0.5mm² （用手焊钳），最大焊接断面可达 500mm² （液压焊机）。可以对接简单或异型断面的线材、棒材、板材、管材等。可焊最高硬度为 HB100 及以下的同种金属或异种金属。电气工程中铝、铜导线、母线的焊接应用最广泛。

图 8-13 所示是铝电磁线冷压对焊示意图，其过程如下：首先根据待焊铝电磁线直径选择并安装相应冷压焊模具，去除铝电磁线表面的绝缘层，从模具的凹口把待焊铝电磁线塞入至模具中间位置，然后反复挤压 4～5 次，直到在模具中间可以清晰地看到顶锻毛刺为止，取出焊好的电磁线，用剪刀、锉刀、砂纸去除焊接飞边、毛刺。

（3）适于焊接不允许升温的产品

冷压焊特别适于在焊接中必须避免母材软化、退火和不允许烧坏绝缘的一些材料或产品的焊接。例如 HLJ 型高强度变形时效铝合金导体，当温升超过 150℃ 时，其强度成倍下降。

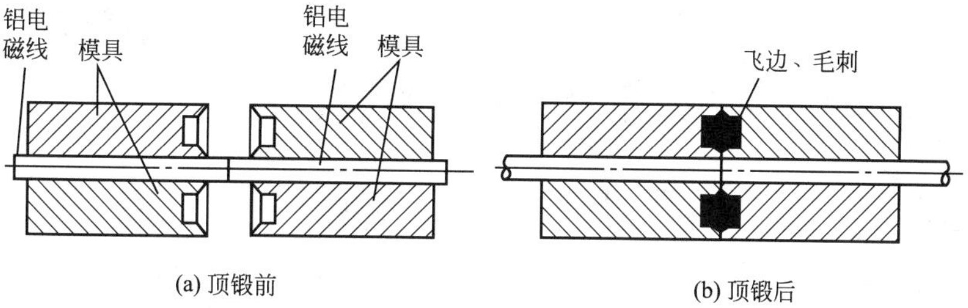

(a) 顶锻前   (b) 顶锻后

图 8-13　铝电磁线冷压焊应用实例

（4）特别适于异种材料的焊接

对于在加热焊时异种金属间会产生脆性金属中间相的金属连接，冷压焊是最适合的方法。这类接头的使用温度要分别予以限制。例如，铝铜的接头使用的短期温升（1h 内）限制在 300℃以下；长期的允许使用温升不超过 200℃。

在具体应用上，同种或异种金属的棒料、线材或管材多以对接形式进行冷压焊，薄（或箔）材多以搭接形式进行冷压点焊、滚焊或环形焊。

应用领域方面，则以电子工业和电气工程应用最多。电子工业中如圆形、方形电容器外壳封装，绝缘箱外壳封装，大功率二极管散热器片，电解电容器阳极板与屏蔽引出线等；电气工程中如铝护套管的连接生产，各种规格铝铜过渡接头，各种电气工厂中铝、铜及铝合金导线接长及引出线，各种电线、电缆的接线和引出线，电缆屏蔽带接地，筒式绕组铝箔引出线，多芯电缆与实心导体、母线、铝排、铜排、汇流排等。

此外，制冷工业中的热交换器制造，汽车工业中小轿车暖气片、汽车水箱、散热器片、脚踏板等的制造均用到冷压焊。还有在日用品工业中铝壶、电热铝茶壶的制造、铝容器、铝壶手把的焊接等。其他部门多是铝管、铜管、钛管的对接焊。冷压焊在各工业部门的应用实例见表 8-6 和图 8-14。

表 8-6　冷压焊应用实例

使用部门	应 用 实 例
电子工业	圆形、方形电容器外壳封装,绝缘箱外壳封装,大功率二极管散热器片,电解电容阳极板与屏蔽引出线
电气工程	通讯、电力电缆铝外导体管、护套管的连续生产;各种规格铝铜过渡接头;电线、电缆厂、电机厂、变压器厂、开关厂铝铜及铝合金导线的接长及引出线;铜排、铝排、整流片、汇流圈的安装焊;输配电站引出线;架空电线、通信电线、地下电缆的接线和引出线;电缆屏蔽带接地;筒式铝箔绕组引出线
制冷工程	热交换器
汽车制造业	小轿车暖气片,汽车水箱,散热器片,脚踏板
交通运输	地下铁路、矿山运输、无轨电车异形断面滑接线对焊
日用品工业	铝壶、电热铝茶壶制造、铝熔器、铝壶手把螺钉支撑
其他部门	铝管、铜管、铝锰合金管、铝镁合金管、钛管的对接、封头等

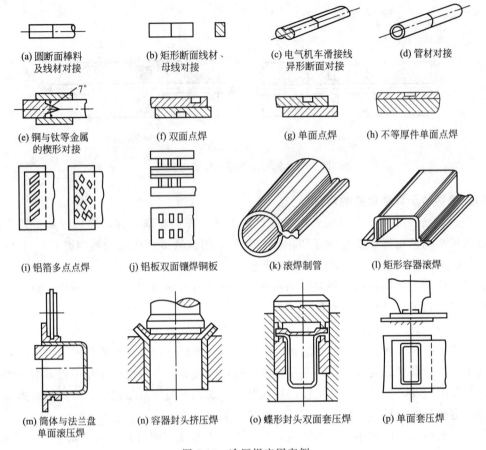

图 8-14 冷压焊应用实例

8.2 热压焊

在高于室温 100～300℃ 的条件下进行加热的变形焊称为热压焊。

8.2.1 热压焊方法分类

(1) 按加热方式分类

热压焊按加热方式可分为工作台加热、连续压头加热、工作台和压头同时加热三种形式。不同加热方式的优缺点见表 8-7。

表 8-7 不同加热方式的热压焊的优缺点

加热方法	优点	缺点
工作台加热(包括整个器件或电路)	由于加热件的热容量大,加热温度可精确调节,故温度稳定	整个装焊过程中需对器件加热
连续压头加热	可采用较紧凑的加热器简化设备结构	很难测量加热焊接区内的温度
工作台和压头同时加热	温度调节比较容易,能在较高的压头温度实现焊接,获得牢固焊点所需的时间最短	设备和压头的结构复杂,整个装配过程中均需对器件、电路加热

（2）按压头形状分类

热压焊按压头形状可分为：楔形压头、空心压头、带槽压头及带凸缘压头的热压焊，见图 8-15。图 8-15（a）、（c）、（d）三种压头都是将金属引线直接搭接在基板导体或芯片的平面上，而图 8-15（b）则是一种金丝球焊法，即金属丝导线从空心爪头的直孔中送出或拉出引线，在引线端头用切割火焰将端头熔化，借助液态金属的表面张力，在引线端头形成球状，压焊时利用压头的周壁将球施压，形成圆环状焊缝，实际也是一种搭接形式的凸焊。

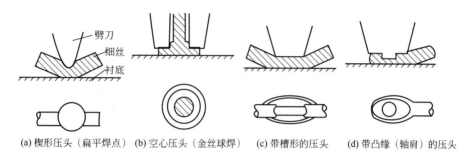

(a) 楔形压头（扁平焊点）　(b) 空心压头（金丝球焊）　(c) 带槽形的压头　(d) 带凸缘（轴肩）的压头

图 8-15　热压焊压头形状及焊点形状

8.2.2　热压焊工艺

热压焊的焊接参数包括焊接温度、焊接压力和焊接时间，这些参数的确定要依据被焊材料的性质、加热方式和引线尺寸等。下面以微电子连接中典型的金丝球热压焊为例介绍。

金丝球热压焊主要应用于电子微型焊接领域，如芯片引线的焊接。焊接主要过程是：首先将极薄的硅芯片表面用蒸镀法在待焊处镀一层纳米级厚的铝金属膜，用微米级直径的金丝引线（引线材料有时也可以用铝丝代替）将硅芯片上的铝膜与基板上的导体相连接，或者几个硅芯片铝膜间互连。金丝球热压焊的压头由硬玻璃制成，内设金属引线丝孔，构造颇似熔化极气体保护焊的导电嘴。靠端头平整的环状端面对球施加压力，焊点外形虽然为圆形，但真正焊接部分仅是加压的环状部分。

图 8-16 是金丝球压焊过程示意图。其中，图 8-16（a）表示焊完第 1 点后，抬起压头，用火焰烧断金丝，形成球形端头；图 8-16（b）是压头平移至第 2 待焊部位；图 8-16（c）压头下送，顶紧被焊部位，加压并进行焊接；图 8-16（d）抬起压头，拉长金丝引线，准备进入火焰烧断金丝阶段，以便进行另一焊点的焊接。

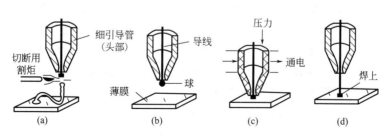

图 8-16　金丝球压焊过程示意图

8.2.3　气压焊

8.2.3.1　定义和一般描述

气压焊是用气体火焰将待焊金属工件端面整体加热至塑性或熔化状态，同时施加一定压力和顶锻力，使工件焊接在一起。气压焊可分为塑性气压焊和熔化气压焊（即闭式气压焊和开式气压焊）。气压焊可焊接碳素钢、合金钢以及多种有色金属（如镍-铜、镍-铬和铜-硅合金），也可焊接异种金属。气压焊不能焊接铝和镁合金。

8.2.3.2　基本原理

（1）塑性气压焊

将被焊工件端面对接在一起，为保证紧密接触需维持一定的初始压力。然后使用多点燃烧焊炬（或加热器）对端部及附近金属加热，到达塑性状态后（低碳钢约为 1200℃）立即加压，在高温和顶锻力促进下，被焊界面的金属相互扩散、晶粒融合和生长，从而完成焊接，见图 8-17。

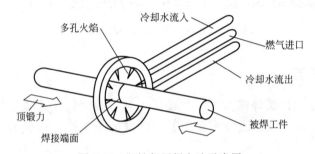

图 8-17　塑性气压焊方法示意图

1) 焊接表面处理　焊前必须对工件端部进行处理，包括两方面：一是对待焊端部及附近进行清理，清除油污、锈、砂粒和其他异物；二是对待焊端面进行机械切削或打磨等，使待焊端部达到焊接所要求的垂直度、平面度和粗糙度。对焊接工件处理质量的要求取决于钢的类型以及焊接质量要求。表面处理的质量对焊接质量影响很大。

2) 加热　塑性气压焊的加热特点是金属没有达到熔点。一般而言，是将对接端部及附近金属加热到塑性状态，顶锻后的焊接接头表面形成光滑的焊瘤（凸起），在焊接线处（焊缝）没有铸态金相组织。

加热通常采用氧乙炔燃气、多点燃烧。焊炬有的需要强制水冷。焊炬可产生足够的热量，通过摆动使热量均匀地传播到整个被焊部位。实心或空心圆柱体（如轴或管）的对接焊，通常使用可拆卸的环形焊炬，这样便于焊接前后装卸工件。精密的加热焊炬形状往往十分复杂，以便对工件均匀加热。加热燃料亦可以是丙烷气（石油液化气）。

3) 顶锻（加压）　工件加热到一定温度后，即进行顶锻。顶锻的作用是：①使工件端部产生塑性变形，增大紧密接触面积，促进再结晶；②破碎工件端面上的氧化膜；③将接触面周边的焊接缺陷迁移到焊瘤处，使缺陷排除。

加压和顶锻方式与被焊金属有关，可以大致分为两类。一是恒压顶锻法，从开始到焊接完成，压力基本保持不变，达到一定的顶锻量就完成焊接，恒压方式主要用在高碳钢的焊接；另一种是非恒压顶锻法，例如焊接高铬钢或非铁素体类型钢时，初始采用较高压力，这样可以使工件端面闭合紧密，防止氧化，然后减小压力，而在接头最终顶锻时压力再增加，这种顶锻方式压力的变化范围在 40～70Pa 之间。

表 8-8 列出了顶锻时几种典型的压力变化。表 8-9 给出了不同板厚与塑性气压焊接头平均尺寸变化。

表 8-8　典型气压焊顶锻方式

钢种类型	焊接方法	压力、顶锻力/MPa		
		初始	中间	最终
低碳钢	塑性	3～10	—	28
高碳钢	塑性	19	—	19
不锈钢	塑性	69	34	69
镍合金	塑性	45	—	45
碳钢和合金钢	熔化	—	—	28～34

表 8-9　塑性气压焊接头尺寸及顶锻量

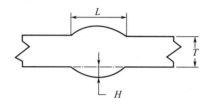

板厚 T/mm	焊瘤长度 L/mm	焊瘤高度 H/mm	顶锻量/mm
3	5～6	2	3
6	8～13	2	6
10	14～16	3	8
13	19～22	5	10
19	27～30	6	13
25	32～38	10	16

焊接过程中的顶锻量与接头质量有密切关系。顶锻量大，则焊接热影响区缩短，焊瘤厚度增加。推荐的顶锻量列于表 8-9。

（2）熔化气压焊

通常熔化气压焊的焊接过程是将工件平行放置，两个端面之间留有适当的空间（如图 8-18 所示），以便焊炬在焊接过程中可以撤出。在焊接时，火焰直接加热工件端面，当端面完全熔化时，迅速撤出焊炬，然后立即顶锻，完成焊接。加压强度保持在 28～34MPa。

熔化气压焊机必须具有更精确的对中性能，并且结构坚固以保证快速顶锻。理想的加热焊炬大多数形状比较窄，并且是多火孔燃烧（见图 8-18），火焰在工件横截面上均匀分布。加热焊炬对中良好，对减少被焊端面的氧化，获得均匀的加热以及均匀的顶锻量是十分重要的。

由于焊接时工件端部要加热至熔化，因此，用机械方法切成的端面其焊接效果较为理

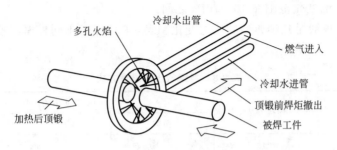

图 8-18　熔化气压焊示意图

想。工件端面上有较薄的氧化层对焊接质量的影响不大，但如有大量的锈和油等物时，应当在焊前清除。

8.2.3.3　主要应用

气压焊最早应用于钢轨焊接。在无缝线路建设初期，主要用在钢轨的厂内焊接，焊机为固定式，以后大部分被闪光焊代替。后来在日本和我国，气压焊多用在钢轨的现场联合接头的焊接上，并逐步朝着多功能轻型化方向发展。目前现场钢轨焊接使用的气压焊机为小型移动式。我国现在广泛使用的气压焊机的重量为 140kg，新型保压推凸钢轨气压焊机重量为 160kg。另外气压焊还应用于钢筋焊接。该方法在日本应用较广泛，但在我国则受到一定限制。原因在于气压焊为明火焊接，对施工现场防火要求较高，另外近年来钢筋焊接正逐步朝着螺纹连接、挤压连接、电渣压力焊方向发展。

(1) 钢轨焊接

气压焊用于焊接钢轨的优点是一次性投资小，焊机的重量轻，无需大功率电源，焊接时间短，焊接质量可靠，但缺点是焊前对预焊端面的处理要求十分严格，并且在焊接时需要钢轨沿纵向少量移动，因此在钢轨的线上焊接有时会有一定难度。

1) 焊接设备　早期移动式钢轨气压焊机是夹轨底式。由于夹紧部位在轨底，因此顶锻时轨顶容易出现间隙，焊后轨顶处容易产生缺陷，接头上拱。目前使用的移动式钢轨气压焊机多为夹轨腰式，夹紧位置位于钢轨纵向"中和线"上，由于轨顶和轨底受力均匀，在加压和顶锻时不产生附加弯矩。图 8-19 为移动式钢轨气压焊设备示意图，主要包括压接机、加热器、气体控制箱（流量控制柜）、高压油泵和水冷装置等。气压焊设备各项技术条件在铁道部标准（TB/T2622）中已作了明确规定。

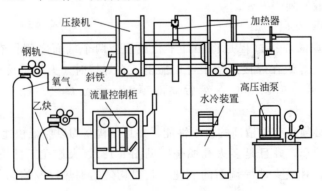

图 8-19　移动式钢轨气压焊设备示意图

YJ-440T 型压接机的油缸额定推力为 385kN，最大顶锻行程为 155mm，加热器最大摆动距离为 60mm，压接机的重量不大于 140kg，可用于 43～75kg/m 钢轨的焊接、焊瘤的推除和焊后热处理。待焊钢轨定位和夹紧是通过固紧轨顶螺栓、轨底螺栓和砸紧轨腰斜铁来实现的。液压缸内的高压油推动活塞运动，使钢轨端部通过斜铁相互挤压实现顶锻或推瘤。加热器以导柱作为轨道沿钢轨轴线方向往复运动。

加热器按混气方式分为射吸式、等压式和强混式，按结构可以分成对开单（或双）喷射器式和开启单喷射器式。目前，在我国应用较多的是射吸式对开加热器。图 8-20 为射吸式对开加热器（单喷射器）示意图，它是由加热器本体和喷射器组成。加热器本体分成对称并可拆卸的两部分，每侧有燃气和水冷系统：混合器由喷射室、混气室和配气调节装置组成。加热器工作时，氧气以高压、高速由氧气进口射入射吸室，在射吸室内的喷口附近产生低压区，将乙炔气吸入。氧气和乙炔在射吸室和混气室均匀混合、搅拌后，通过调节配气阀均匀地进入加热器本体两侧。在加热器本体，燃气通过本体内的喷火孔喷出并燃烧。喷火孔的大小及分布是根据钢轨断面的尺寸形状设计的，以确保钢轨加热均匀。加热器本体在加热时必须强制水冷。

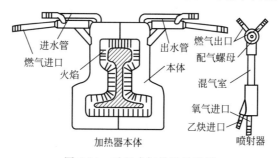

图 8-20　对开式加热器示意图

2）焊接工艺　钢轨气压焊包括焊前端面打磨、对轨、焊接加热、顶锻、去除焊瘤和焊后热处理等。

① 钢轨端面打磨　焊前的端面打磨一般分为两步，第一步使用端面打磨机将钢轨端面磨平，使端面的平面度及端面与钢轨纵向轴线的垂直度公差在 0.15mm 以内；第二步对磨平后的端面用清洁的锉刀精锉，清除机械磨平时表面产生的异物和氧化膜等。在精锉时应注意使轨底两端略微凸起，这样有利于防止轨底两端在加热时产生污染。

② 对轨及固定钢轨　将压接机骑放在钢轨上，穿上轨底螺栓并预拧紧。将钢轨端面对齐，然后拧紧轨顶螺栓，使钢轨紧靠轨底螺栓。将斜铁打紧，进一步拧紧轨底螺栓。确保钢轨在焊接顶锻过程中不出现打滑现象。

③ 焊接加热　预顶锻后即可进行加热。加热器点火通常采用"爆鸣点火"，燃烧采用微还原焰，即氧气与乙炔的燃烧比值为 0.8～1.1。加热器在加热时必须进行摆动，摆动量和摆动频率见表 8-10。摆动量过大，容易引起轨底角下榻，破坏接头成形；摆动量过小，局部热量集中，钢轨表面与芯部温差加大，造成表面过烧而芯部未焊透。

表 8-10　加热器摆动量和摆动次数

加热时间/min	摆动量/mm		摆动频率
	50kg/m	60kg/m	/(N/min)
0～4.5	8～12	8～12	60
4.5～5	15～20	15～20	60
5～5.5	30	30	80

④ 顶锻　在焊接过程中通常采用三段顶锻法。以 60kg/m 轨为例，第一段为预顶，压力控制在 16～18MPa，保持钢轨表面接触。当加热到一定温度时，产生微量的塑性变形使钢轨表面全面接触，并且在局部接触面之间开始扩散和再结晶；进入顶锻的第二段时，将压力降至 10～12MPa。使钢轨在塑性状态下接触面之间产生充分扩散和结晶，形成金属键使钢轨焊合。随着时间的延长，局部表面金属开始熔化，而芯部已充分焊合；进入第三段，压力提升到 35～38MPa，将接触面边缘有缺陷的部分挤出，局部的氧化膜被破坏，焊接结束。

⑤ 去除焊瘤　焊接接头部位形成的焊瘤（凸起）可用两种方法去除：一种是用焊机的推瘤装置在焊后立即进行；另一种是焊后热态下用火焰切割法将焊瘤切除。

⑥ 焊后热处理　钢轨焊后，接头的过热区晶粒粗大，需要进行正火处理，细化晶粒，提高接头的强度和韧性。淬火钢轨在冷却时要对轨头进行风或雾冷使硬度恢复。

(2) 钢筋的焊接

采用气压焊方法焊接钢筋具有电源和设备轻巧、节约钢材等优点。在日本应用较多并且开发出了自动气压焊设备和工艺。我国在一段时期内，大量应用在钢筋混凝土建筑结构中的钢筋焊接。

1) 设备　钢筋气压焊设备如图 8-21 所示。它由气压焊机、环形加热器、油泵（手动或脚踏式）以及气源设备等组成。图 8-22 为钢筋气压焊加热器示意图。气压焊用的油缸、夹具和加热器应根据建筑工程中钢筋粗细以及所需顶锻力来设计。由于焊接钢筋是小范围加热，并且需要热量集中，加热快，因此加热采用乙炔作为可燃气体。

表 8-11 为国产气压焊钢筋设备所用的环形加热器适用范围。

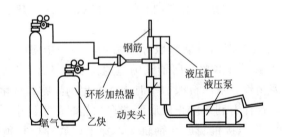

图 8-21　钢筋气压焊设备示意图

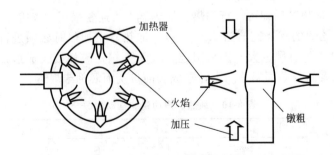

图 8-22　钢筋气压焊加热器示意图

表 8-11　环形加热器适用范围

焊机型号	加热器喷嘴数/个	焊接钢筋直径/mm
CH-32 型	3	8～16
	4	16～20
	8	20～25
	8	25～32
WY20-40 型	6～8	20～28
	10～12	32～38

2）焊接工艺　钢筋气压焊也属于固相焊接。其工艺过程是先用气压焊机的夹具将钢筋对正加紧，然后用环形加热器加热钢筋端部，当钢筋端部呈塑性状态时，即由油缸活塞杆推动钢筋夹具的活动夹头、使两钢筋的端部互相挤压和镦粗，完成焊接。

① 焊前准备　钢筋端部必须平整，且端面需与钢筋轴线成直角，以使工件装配后不留间隙，如图 8-23（a）所示。实际上，由于端面加工角度和不平整的误差等因素影响，两端面接触后，不会完全闭合，而形成一定的夹角。夹角两边的轴向最大距离称为装配间隙，如图 8-23（b）所示。夹角太大就会在顶锻时，造成钢筋接合面滑移。此外，也要将钢筋端面的油、锈及水泥等污物除净，并磨平显现新的金属光泽，以免影响焊接质量。

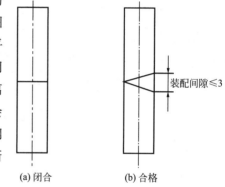

(a) 闭合　　(b) 合格

图 8-23　钢筋装配后的端面形状

② 焊接火焰　低碳钢的气压焊，一般采用中性火焰。但是钢筋气压焊，最好用还原焰和中性焰两种。也就是当开始加压和焊接时，要使用还原焰。而当钢筋断面达到一定温度并发生一定塑性变形，即顶锻消除了装配间隙从而使两钢筋断面完全接触闭合后，再将火焰调整为中性焰。因中性焰比还原焰温度高，可以加速"镦粗"的形成，但也有在全部过程中用还原焰一次焊成的。还原焰温度虽较中性焰低，但其具有容易使钢筋内外受热均匀的优点，且对焊缝有保护作用，防止压焊端面氧化。

③ 焊接温度　要形成良好的焊接接头，除了调整好合适的火焰外，还须将工件加热到足够高的温度，其目的是要使金属在固态下不但发生塑性变形，而且能发生原子相互扩散而结合在一起。温度太低就达不到金属断面的牢固接合，太高将造成过烧，焊接温度一般为1200～1250℃。

④ 顶锻方法　顶锻方法有 3 种。

a）恒压顶锻法　恒压顶锻时，焊接端面附近的钢筋中心温度、时间和压力的关系如图8-24 所示。从断口来看有的接头光斑较多。

b）两段顶锻法　该顶锻法可使钢筋端面附近的温度逐渐上升，可达约 1300℃，从而有效地消除光斑缺陷。如图 8-25 所示。

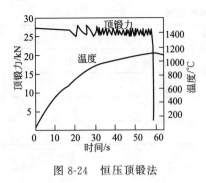

图 8-24　恒压顶锻法

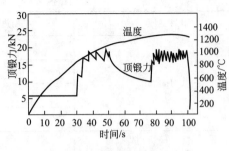

图 8-25　两段顶锻法

c）三段顶锻法　恒压和两段顶锻法主要适合于焊接高炉钢筋，至于电炉钢筋因原料为废钢，以及钢筋中含合金元素很复杂，其中 Si、Cr、Cu 等含量超过一定数量后，气压焊的焊接性就会变差，焊接接头容易脆化，所以宜采用三段顶锻方法，图 8-26 为其实例，图 8-27 为二次顶锻和三次顶锻后所形成的接头形状示意图。

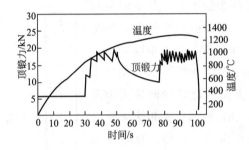

图 8-26　三段顶锻法

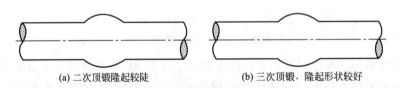

(a) 二次顶锻隆起较陡　　　　　　(b) 三次顶锻，隆起形状较好

图 8-27　三段顶锻法所形成的焊接接头形状示意图

对于直径 25～28mm 以下的钢筋，利用两段顶锻法，既可减少对夹头的损耗，也能减轻焊工的劳动强度。而较粗的钢筋，例如直径为 32～40mm 时，宜采用三段顶锻法。图 8-28 为三段顶锻法气压焊接钢筋工艺实例。

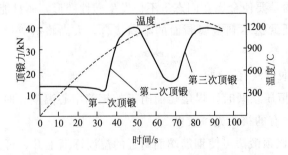

图 8-28　三段顶锻法气压焊钢筋工艺实例

3）影响因素　影响钢筋气压焊质量的因素，除前述的工艺变量外，还有能导致断口上出现光斑缺陷的因素。光斑实际是 Si 和 Mn 的氧化物。在焊接时这些氧化物因为受挤而被展开，光斑面积与整个断口面积之比称为光斑率。光斑率高，可使焊接接头强度数值离散度加剧，可靠性大大下降。光斑率高的焊接接头中，只有少数接头能与母材等强。而更多的接头强度都小于甚至远远小于母材强度；反之，光斑率低的接头中，几乎所有接头都可以与母材等强。

影响光斑率的因素，一是钢筋焊前的装配间隙，就塑性状态下焊合的气压焊而言，最好是端面的装配间隙为零，这样就不易造成氧化，但实际上不可能一点间隙也没有，例如 21MnV 钢筋，间隙 3mm 和零时，其接头的光斑率分别为 35.15％和 16.14％，但是当钢筋的直径为 32mm 时，在工程上要将钢筋焊前装配间隙控制到 2mm 以下是很困难的，因此，一般规定钢筋的装配间隙在 3mm 以下；另一影响光斑率的就是钢筋的化学成分。钢筋中的 C、Cu、V、Cr 和 Al 能降低光斑率。我国钢筋的合金体系是 C-Mn-Si 系，除 Ⅰ 级钢筋外，Ⅱ～Ⅳ 级钢筋光斑率较高。

8.2.4　热压焊接头性能及质量控制检验方法

8.2.4.1　接头力学性能

热压焊对被焊金属力学性能和物理性能的影响很小。由于热压焊接头没有填充金属，接头的力学性能取决于被焊金属的化学成分、冷却速度和焊接质量。热压焊的加热区间较大，其散热条件也差，因此冷却速度通常比较慢。在同种金属焊接时，其强度接近被焊金属的强度；异种金属焊接时，接头的性能接近强度较低的金属。

在塑性气压焊中，晶粒不会发生迅速长大的问题。在熔化气压焊中，熔化金属层在顶锻中被挤出。这对接头的力学性能都是有利的。

奥氏体不锈钢热压焊后可能会出现耐晶间腐蚀能力下降的问题，焊后可进行水韧处理加以消除，即将接头加热至 1000℃以上，保温后迅速水冷。

低碳钢在热压焊中很少需要焊后热处理或消除应力热处理，因为这种钢的热影响区通常在焊接加热时已经被正火，并且应力很低。对于使用应力较高的低碳钢和高碳钢进行焊接时，热压焊接头需要焊后热处理。热处理常常使用同一焊接加热器进行。

在钢轨焊接中，接头两边的退火区可能比较软，为了克服这个问题，可以用加热器将接头区域加热到钢的奥氏体化温度，然后快速冷却。在一些低合金钢（如石油钻井工具）的焊接中，进行必要的热处理可以改善接头的力学性能。热处理可用焊接火焰正火，处理后能够细化焊接热影响区的晶粒，提高接头区的塑性和韧性。对于高硬度钢，焊后的退火或缓慢冷却可以防止热影响区的硬化或表面脆化。为了提高钢的性能，最好使用热处理炉处理。

8.2.4.2　质量控制

（1）控制过程及方法

优良的塑性气压焊需要对影响接头质量的各种因素进行正确和连续的控制。这些因素概括如下：

1）焊接端部的平面度、与纵轴的垂直度、粗糙度和清洁程度；

2）压力循环；

3）焊接部件的对中；

4）加热器的工作状态；

5）预定顶锻量或缩短量；

6）顶锻后的冷却时间。

如果焊接过程与设定的相同，压力顶锻循环系统应能显示出来。当热输入量一定时，则热影响区宽度一定，同时压力顺序、加热和顶锻的整个周期的时间误差应小于10％。在这个基础上，如果焊接时间需要过度延长或缩短，现行的焊接质量应进行重新评估。额定时间偏差过大将会导致：①一些非时间因素不能有效控制；②焊接质量出现问题，加压系统、加热器故障以及焊接件在夹具中的打滑都有可能使接头质量低劣。

记录下列变量对于维持良好的焊接控制是有价值的：

1）压力循环；

2）焊接过程各个阶段的总时间和频率；

3）气体流量和压力；

4）总的顶锻距离。

（2）质量检验

首先采用目测方法评估下列几个特征：

1）有无过量的熔化；

2）顶锻的轮廓形状和一致性；

3）注意顶锻区域中部焊接熔合线位置。

如果感觉没有偏离标准并且操作是合适的，通常可以认为该气压焊是合格的。

在一些高强度钢的焊接中，增加焊接质量和一致性的保险程度是必要的。例如采用随机或定期抽样方法进行破坏性试验，这种方法将用于正确和连续检查焊接循环和过程控制以及焊接件的性能。

磁粉探伤可以用于钢轨气压焊无损探伤，缺口冲击试验可以方便地用于质量检验。沿焊接线断裂的试样的断口可以显示金属键结合力、晶粒尺寸和表面过热的程度。焊接循环的变化可以很快地用这种试验检查出来。实践表明，缺口冲击试验可以满意地显示接头横截面结晶断口。这种证明试验可以用来替代破坏性试验，显示焊接处的缺陷以及判定接头是否合格。焊接接头质量与接头抗拉或屈服载荷有关。接头最大拉伸强度应不低于金属的屈服强度，低质量接头将不能通过该试验。

（3）钢轨气压焊检验

按我国铁道部标准 TB/T1632—1991《钢轨焊接接头技术条件》有关规定，常用钢轨气压焊质量标准如表8-12所示。静弯试件长度为 1.2～1.3mm，取5根试件为一组，其中轨头受压4根。试件放在跨度为1m的支座上，支座圆弧半径为（100±5）mm，试件焊缝居中，承受集中载荷。试件的破断载荷不得低于表8-12所列数值。

（4）钢筋气压焊检验

质量检验有外观检验和破坏检验（拉伸试验）两种。

1）外观检验　应在施工过程中随时检查已经焊接的接头，发现不符合要求者，应立即割掉，重焊。外观检验的具体要求如下。

表 8-12 50kg/m 和 60kg/m 钢轨气压焊接头质量标准

项　　目		轨　型		说明
		50kg/m	60kg/m	
静弯破断载荷/kN	轨头受压	≥1078	≥1373	挠度：≥20mm
	轨头受拉	≥980	≥1226	挠度：≥15mm
落锤试验 锤重：1000kg	锤击	落锤高度/m		1. 钢轨支座间距为（1000±10mm） 2. 试件应能承受所规定的锤击次数，而不发生断裂
	1 次	4.2	5.2	
	2 次	2.5	3.1	
	断口检查	不得有裂纹、气孔、过烧、未焊透和肉眼可见的夹杂物		
疲劳试验（200 万次）		疲劳载荷/kN、载荷比 R		$R=\dfrac{最小载荷}{最大载荷}=0.2$ 跨度 1m，常温
		68/343	94/470	
硬度试验		在焊缝两侧 150mm 范围内，利用布氏硬度计沿钢顶面纵轴，每隔 10～20mm 测试，其硬度大小应接近钢轨母材，允许有 4 个测点硬度比钢轨母材低，但不得低于 15%		
外观检查 不平度/mm	轨顶面	+0.5 0	+0.5 0	
	轨头内侧	0.5	0.5	
	轨底			

a）焊接部位钢筋轴线的偏心应不大于钢筋直径的 1/10。

b）焊接处隆起的直径不小于钢筋直径的 1.3～1.5 倍。

c）焊接接头隆起形状不应有显著的凸起和塌陷，不应有裂纹和过烧现象。

2）破坏（拉伸）检验　工程施工以 200 个接头为一批，从每批中抽取 3 个试样（1.5%）进行取样检验。如一次取样不合格，可另取双倍试样复试，如复试结果仍有一个试件强度达不到要求，则该批接头即为不合格品。

思考题

1.什么是变形焊、冷压焊、热压焊？

2.冷压焊有何特点？适用于什么场合？

3.冷压焊工艺参数有哪些？

4.热压焊有哪些类型？

5.什么是气压焊？有哪些类型？简述其基本原理。

6.简述钢轨气压焊工艺过程。

参考文献

[1] 赵熹华，冯吉才.压焊方法及设备 ［M］.北京：机械工业出版社，2005.

[2] 张勇，马铁军.电阻焊控制技术 ［M］.西安：西北工业大学出版社，2014.

[3] 叶玉春.汽车车身焊接技术 ［M］.北京：电子工业出版社，2015.

[4] 王敏，朱正行，严向明.电阻焊技术 ［M］.北京：中国标准出版社，2000.

[5] 王洪光.特种焊接技术 ［M］.北京：化学工业出版社，2009.

[6] 雷世明.焊接方法与设备 ［M］.北京：机械工业出版社，2004.

[7] 李志远.先进连接方法 ［M］.北京：机械工业出版社，2000.

[8] 谢建新.材料加工新技术与新工艺 ［M］.北京：冶金工业出版社，2004.

[9] 郭扭，杜随更，崔安定.相位摩擦焊的研究现状及展望 ［J］.机械制造，2014，52（595）：85-87.

[10] 王大勇，冯吉才，王攀峰.搅拌摩擦焊用搅拌头研究现状及发展趋势 ［J］.焊接，2004（6）：6-10.

[11] 赵炳辉.焊接件加工处理与质量检测、失效分析技术及金相图谱实用手册 ［M］.北京：冶金工业出版社，2006.

[12] 王文其.焊接新技术新工艺实用指导手册 ［M］.哈尔滨：黑龙江文化电子音像出版社，2007.

[13] 林兆荣.金属超塑性成形原理及应用 ［M］.北京：航空工业出版社，1992.

[14] 张启运，庄鸿寿.钎焊手册 ［M］.北京：机械工业出版社，1995.

[15] 中国航空材料手册编辑委员会.中国航空材料手册（第2卷）-变形高温合金铸造高温合金（第2版）［M］.北京：中国标准出版社，2002.

[16] 王娟，李亚江.钎焊与扩散焊 ［M］.北京：化学工业出版社，2016.

[17] 李亚江.先进焊接/连接工艺 ［M］.北京：化学工业出版社，2016.

[18] 李亚江，陈茂爱等.特种焊接/连接技术 ［M］.北京：化学工业出版社，2015.

[19] 李亚江，王娟等.特种焊接技术及应用 ［M］.北京：化学工业出版社，2014.

[20] 史耀武.中国材料工程大典（第22卷：材料焊接工程，上）［M］.北京：化学工业出版社，2006.

[21] 赵熹华.压力焊 ［M］.北京：机械工业出版社，2004.

[22] 王文翰.焊接技术手册 ［M］.郑州：河南科学技术出版社，2000.

[23] 赵炳辉.焊接件加工处理与质量检测、失效分析技术及金相图谱实用手册 ［M］.北京：冶金工业出版社，2006.

[24] 中国机械工程学会焊接学会.焊接手册（第1卷）［M］.北京：机械工业出版社，2007.

[25] 王国凡.钢结构连接方法及工艺 ［M］.北京：化学工业出版社，2005.

[26] 邹增大等.焊接材料、工艺及设备手册 ［M］.北京：化学工业出版社，2001.

[27] 罗诚.最新焊接和切割新技术、新工艺与应用技术标准使用手册 ［M］.北京：中国科技文化出版社，2011.

[28] 史耀武.新编焊接数据资料手册 ［M］.北京：机械工业出版社，2014.